伊那谷研究の半世紀

労働市場から紐解く農業構造

山崎 亮一・新井 祥穂・氷見 理 編

筑波書房

はじめに

ここに読者諸賢に贈る『伊那谷研究の半世紀――労働市場から紐解く農業構造』は，2015年に同じ筑波書房より上梓した，星勉・山崎亮一編著『伊那谷の地域農業システム――宮田方式と飯島方式』の続編である。そこで先ず，本書を出す事を我々が決意するに至った理由を，以下で述べておく必要があるだろう。

①2019年に長年の定点観測地である宮田村N集落で，組織的な集落調査を新たに実施することができたからである。『地域農業システム』が取り扱ったのは，2009年に実施した集落調査のデータまでであったので，2019年に実施した新たな調査のデータを使った分析結果を世に問う必要性が生じてきた。

②以上はやや形式的な理由だが，2019年のデータまで使うことができるようになったことによって，我々は，自らの視点から「雇用劣化」と呼んでいる社会経済状況の新たな特徴と，さらにそれに対応した農業構造の動向とを捉えることができるようになったと考えている。こうした事情が，2019年データを使って新たな出版物を公刊する必要があると我々が考えるに至った，より実質的な理由を成している。

本書はもとより多くの方々の御協力の上に成り立っている。特に調査に協力していただいた長野県伊那谷地方の方々，研究室で調査に参加してくれた学生さん達に感謝申し上げる。三浦啓介氏には索引作成の労をとっていただいた。また，本作は対象地で先輩諸氏が過去に積み上げてきた研究蓄積の上に成り立っている。最後になるが，出版事情厳しい中，いつも図書の刊行に前向きに取り組んでいただいている，筑波書房の鶴見治彦社長に心底より感謝申し上げる。

2024年１月10日

編集委員を代表して

山崎亮一

目　次

上伊那地域の市町村

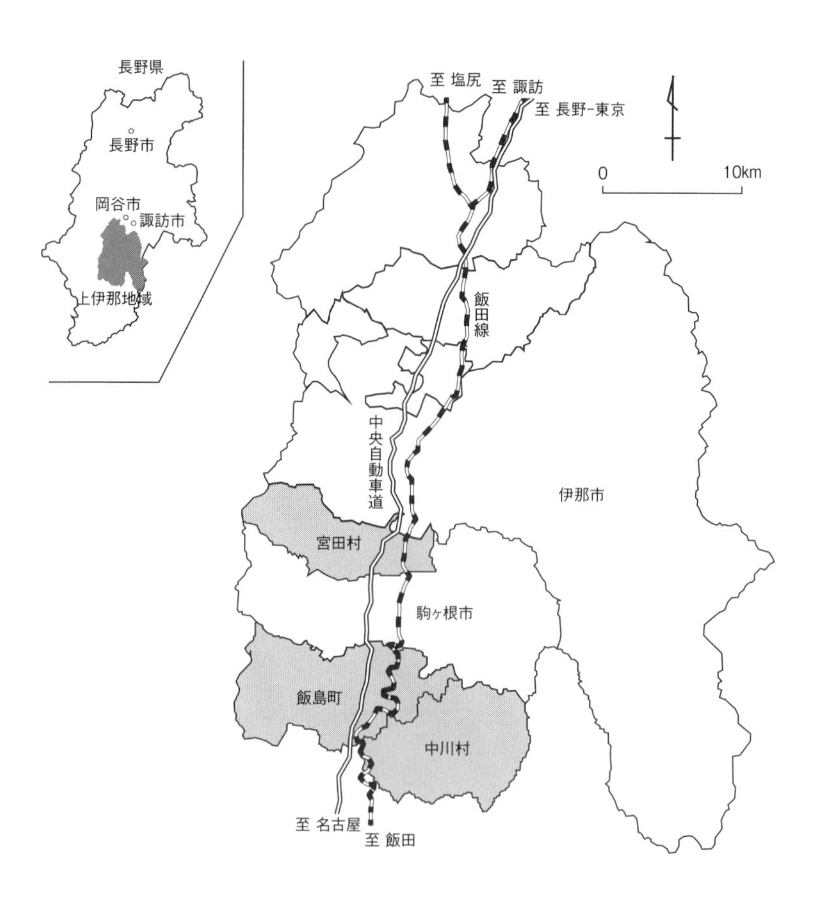
長野県
長野市
岡谷市
諏訪市
上伊那地域
至 塩尻
至 諏訪
至 長野-東京
0
10km
飯田線
中央自動車道
伊那市
宮田村
駒ヶ根市
飯島町
中川村
至 名古屋
至 飯田

第１章　本書の課題と方法

１．宮田村の概要

本書の対象地は，長野県の南部に位置する上伊那郡を構成する，宮田村，中川村，飯島町に在る。農業地域類型的には，３町村とも中間農業地域に分類されている。ただし，旧村単位にまで降りて見ると，第８章で対象とするＹ集落のある中川村の旧片桐村は，唯一，平地農業地域に分類されている。

本書の主要な課題は，宮田村で1975年以降取り組まれてきた過去の調査を総括しながら，さらにその結果と比較しつつ，最近の2019年調査の結果の特徴を述べることである。その際の視座は，Ⅰ）地域労働市場と農業構造変動の状況，Ⅱ）農業構造変動と宮田方式の関係性，である。なお，第８章から第10章は近隣の中川村と飯島町からの報告となるが，宮田村の調査結果を相対化して意味づける目的で本書に挿入している。

ところで上伊那郡は，東西を南アルプスと中央アルプスに挟まれている。そしてその狭間に天竜川が流れている。他方でこの天竜川が作り出した河岸段丘上に都市や農村があり，それらが一体となって伊那谷と呼ばれている。平均標高は３町村の中で一番低い中川村でも618.1mもある。

なお本論に先立ってこれら３町村の地誌を記述する必要があるのだが，中川村と飯島町の紹介は後に第８章，第９章で詳しく行うことになるので，ここでは第７章までの対象地である宮田村を中心に紹介しよう。

先ず『宮田村史』（宮田村誌編纂委員会 1982-1983）を紐解いて，村の形成過程を振り返ってみよう。17世紀末の資料「内藤清牧領地郷村帳」によると，当時，現在の宮田村の地所には，４村（中越，町割，北割，南割）が存在していた。さらに幕末になると，それらから大田切（1858年）と新田（1865年）とが分村している。次いで1873年（明治６年）には，中越村を除

宮田村遠景（2014 年，山崎撮影）

く区域の村々が合併して宮田村が成立している。さらに1875年（明治８年）には，宮田村と中越村が合併した。このような経緯から，今日でも，後から合併した中越村の区域は「下在」と呼ばれているのに対して，それ以外は「上在」と呼ばれている。また，さらに下って1954年（昭和29年）になると，宮田村は赤穂村，中沢村，伊那村と合併して，いったんは駒ケ根市宮田となる。しかし1956年（昭和31年）に分市して，再び宮田村となる。

ところで，戦前の宮田村では米と繭を中心とする農業が営まれていたが，戦後は繭生産の減少とともに水稲単作地域としての性格を強めた。そして近年は比重を下げてはいるものの，依然として水稲作が基幹部門としての地位を占めている。水稲作が比重を下げているのは，第１次構造改善事業（1967-70年）による養豚の拡大，第２次構造改善事業（1971-78年）による肉用牛・花卉の拡大，そして地域農業構造改善事業（1981-83年）によるわい化リンゴの拡大が見られ，1960年代後半以降に農産物の複合化が進んだからである。構造改善事業の下では圃場整備と農業機械の導入も行われた。また，生産農業所得統計の対象外農産物ではあるが，1994年に設立されたH農事組合法人が，キノコ（ブナシメジ）で年間数億円分を生産している（キノコ以外の村の農業生産額は10億円程度）。

次に，村内の農外産業の展開について述べる。これまで度々，地域労働市場研究の対象地となってきたことに現れているように，宮田村は農外労働市場が展開している地域である。工業は，戦前は養蚕業と結びついた製糸工場が立地したが，戦後は戦時疎開のバネ工場を中核に，その下請企業や精密機械工業・電子機械工業が「ピラミッド構造」を形成しながら展開した（青野1982）。そうしてそれらが，農家の構成員に対して，豊富な農外就業機会を提供してきた。また，1970年代中頃から80年代初頭にかけての中央自動車道開通にともなって３大都市圏への時間的・空間的距離が短縮し，それをきっかけとして新たな工業立地が見られた。

2015年『国勢調査』（総務省統計局）を用いて宮田村の就業人口4,524人の産業別比率を見よう。本書の調査実施時期が2010年代であるので，ここではそれに近い2015年のデータを参照する。なお，宮田村の数値の後の，（　）内は長野県の数値，また［　］内は全国のデータである。すなわち，第１次産業は，7.3％（9.3％）［10.6％］，第２次産業は，42.5％（29.2％）［31.2％］，さらに第３次産業は，50.2％（61.6％）［58.3％］である。こうして数値を並べて見較べるならば，宮田村の第２次産業就業人口比率は，長野県や全国と比して有意に高いと言える。反面，第３次産業就業人口比率は低くなっている。なお，宮田村でも1990年代以降に製造業の展開は停滞しており，代わりに第３次産業が伸びているが（第２章），そうであるにもかかわらず，2015年における製造業の就業者比率は35％あり，長野県の21％，及び全国の16％と比べると依然として高い。

宮田村の専兼別農家戸数は，農家世帯員の農外就業機会が豊富である結果として次のようになっている。つまり2010年『農林業センサス』で見ると，販売農家291戸のうち，専業農家が55戸（19％），第１種兼業農家が34戸（12％），第２種兼業農家が202戸（69％）となっている。第２種兼業農家比率が，全国平均の59％，都府県平均の60％，都府県中山間地域平均の61％，及び長野県平均の60％と比較して有意に高い。なお，ここでは敢えて2010年センサスの結果を参照しているが，これは近年の2015年センサスでは，全村的な農事組合法人が設立された影響から，農家の実数を把握することがもはやできなくなってしまったからである[1)]。

2010年の総経営耕地面積は368haあり，販売農家１戸当たりの経営耕地面積は106aであった。また2015年における村の経営耕地総面積（農業経営体）は396haあり，うち水田が350haと88％を占めていた。なお，2005年の経営耕地面積は407haあり，したがってその後の10年間で2.7％の減少であった。しかし，長野県全体での同期間の減少率は8.5％であったので，宮田村では県内では比較的経営耕地が維持されてきたといえる。

ところで宮田村農業を全国的に有名にしているものは，宮田方式と呼ばれる独自の農業振興体制である。宮田方式は，次の３つの柱から成っている。

①1970年代に集落毎に順次設立された，稲作機械共同利用及び稲作基幹作業受託組織としての「集団耕作組合」である（2006年の改組後は「集落営農組合[2)]・機械労働調整部」，本書では，特に断らない限り集団耕作組合）。この組織の設立には，農家の稲作を省力化して複合部門に注力してもらう狙いがあったとされる（田代 1976）。ただし集団耕作組合が集落別に行ってきた

1）2015年の宮田村の第２種兼業農家戸数は43戸（2010年202戸），販売農家戸数に占める割合は52％であるが，この値をもって兼業農家世帯の脱農家化あるいは反対に農外労働市場の狭隘化を主張することは不適切である。本文中で言及する2015年のM法人設立に伴い，2010年から2015年にかけて総農家は458戸から255戸へと203戸減少した。そのうち販売農家は291戸から82戸へと209戸も激減した一方で，自給的農家は167戸から173戸へと６戸の微増，さらに土地持ち非農家は199戸から370戸へと171戸の大幅増となった。2015年『農林業センサス』における土地持ち非農家の大半はかつての第２種兼業農家と考えられるが，それらはM法人設立後も宮田村営農組合や法人組織にオペレータとして出役しており，農業との関係を失ってしまったわけではない。そのため，2015年『農林業センサス』による実態の把握には難があると判断し，本文中では2010年の数値を記載したのである。なお，2015年『農林業センサス』における土地持ち非農家のうち「農業生産を行う組織経営に参加・従事」する世帯は286戸もある。

2）正式には「地区営農組合」。本書では，後に見る飯島町の同じ名称の旧村レベルの組織と区別するために，宮田村の集落レベルの組織をこのように表記する。

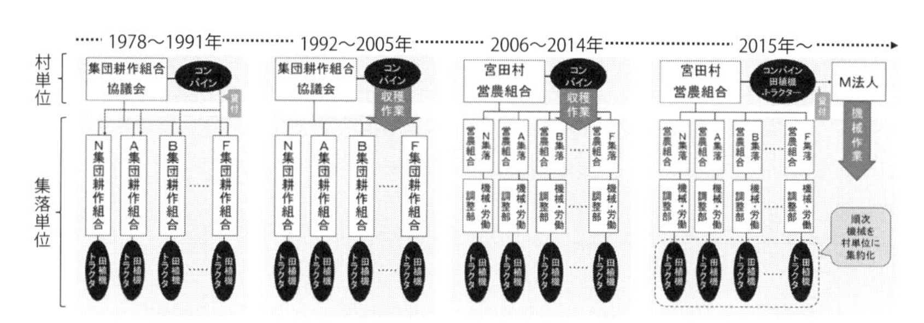

第1-1図　宮田村における組織形態の変遷と共同機械所有状況の変化

作業は，2015年以降，M農事組合法人による全村統一的な作業への段階を踏んだ移行が目指されている（**第1-1図**）。これはオペレータ不足や機械の高価格化に対応するためである。現在，M法人はコンバインによる収穫作業の受託のみを行っており，トラクターでの耕起，及び田植機での田植えの作業の受託は，集落ごとに存在する集団耕作組合がなお引き受けている。だが将来的には，機械の買い替えを契機として，それらの作業も徐々に，M法人が代位していくことになる，とされている（山崎（他）2018）。

②転作対応の負担を地域内で公平に分担しながら，同時に「農業生産力の担い手」の育成を図るための，全村的な「土地利用計画」の策定とその実施である。これはリンゴ団地の造成に象徴される。なお，近年は，水田に果樹などを作付けしている面積が十分に存在しており，また2008年には国による生産調整面積の配分が終了したために，2009年調査時には，村が農家に作目を指定することは既になくなっていた。

③「土地利用計画」の実施を可能にするために，全村的な借地料管理を行って，水田の所有者から面積割りで徴収した共助金を原資としながら転作地の貸し手に受け取り借地料を上乗せして，作付け作物にかかわらず一律の受取借地料を実現する「地代制度」である。なお，土地利用計画と地代制度の実施・運営主体は，1981年に設立された「農地利用委員会」である（2006年より「村営農組合・営農企画土地利用部」）。また，近年は借り手層の脆弱化に伴って，借り手の負担を軽減するために，徐々に借地料水準が引き下げ

られてきている。すなわち設定される借地料（10a当たり）は，1981年の4.3万円から2009年調査時に7,000円となったが，さらに2019年調査時には1,500円にまで低下していた。また，共助金は，自作農家の負担軽減を目的として，2015年に，35年ぶりに１戸当たり5,500円から4,500円へと減額された。

２．過去の宮田村研究

これまでの宮田村研究は，N集落を構成する数十世帯を対象としながら1975年以降計５回に及び実施されてきた集落調査を枢要な軸として展開してきた。それらのうち次の２つの前期の調査とそれらに基づく研究では，当時形成途上にあった宮田方式に対する関心が前面に出ており，そのため同方式の下での農家の対応に，研究者達による分析が集中していた。

ⅰ）農林水産省関東農政局が実施した，1975年調査（関東農政局 1976）。

ⅱ）農林水産省農業研究センター農業計画部・経営管理部が実施した，1983年調査（農業研究センター農業計画部・経営管理部 1984）。

しかし，その後，N集落を対象とした歴代の調査が集めたデータについては，調査期間が20年近くの星霜を重ねるに至った頃から，長期的な農業構造変動を捉えることができる貴重なパネルデータとしての価値が前面に出てくるようになっていった。そのため，時と共に，宮田村研究では，宮田方式の制度変化と農業構造変動との間の相互関係を分析することが主要なテーマとなっていったのである。こうした観点から取り組まれたのが，以下に見る，後期を構成する３つの調査研究である。

ⅲ）農林水産省農業研究センター農業計画部・経営管理部が実施した，1993年調査（JA伊南・JA長野開発機構 1995）。

ⅳ）東京農工大学農業経済学研究室が実施した，2009年調査（星・山崎 2015）。

ⅴ）やはり東京農工大学農業経済学研究室が実施した，2019年調査（本書）。

最後の第５回目の調査研究の，調査対象と関わる特徴は，1975年以降に実施された過去４回の調査が，N集落を構成する４つの班のうち，３つの班を抽出して実施されたものであったのに対して（うち，1975年と1983年，1993年と2009年の調査はそれぞれ同一の班を抽出して実施された），2019年に初めてN集落の全農家を対象とした調査が実施された，という文字通りの悉皆性にある。

３．宮田村研究の意義：農業構造変動の規定要因を探る

宮田村研究の意義は長期的な農業構造変動の分析が可能であることにあると述べたが，それでは，農業構造変動の規定要因について，従来の研究史の中ではどのようなことが論じられてきたのであろうか。それは，以下のような諸要因によって規定されていると考えられてきた。

①農家間の農業生産力格差
②農工間交易条件すなわち農産物価格（a）と農家購買品価格（b）の相対関係
③農業政策
④農家家計費水準
⑤農外労働市場条件

勿論，これら諸要因の中には相互に連関しているものもある。そこで，諸要因間の関係を考える必要が生じてくるが，その関係を表現する論理構造を構想するに当たり，これらの５つの要因のうち，どれを軸に議論を進めるべきかが，先ず問題となる。その際，農業は，農外産業との間で労働力を巡る引き合いを行なっており，この点こそが産業間競争によって引き起こされる農業構造変動の主要規定要因である，とする仮説的な観点からするならば，⑤を軸とする議論が生み出されてくる。そして本書ではこの立場を労働市場規定説と呼び，実態分析に当たっても採用する。

農外産業による農業労働力の吸引が農業構造変動を規定しているという観点からは，農業構造の変動を規定する諸要因間の関係は，以下のように説明

される。

なお，ここで用いる記号の意味は次のように示される。

p：生産者手取価格（上記の②(a)及び③，すなわち市場価格と価格・所得補償）

q：生産量（①とも関わって農家間で異なる）

c：物財費（②(b)と関わる）

e：家計費（④及び②(b)と関わる）

w：農外賃金水準（⑤と関わる）

d：農外兼業化に伴う農業生産縮小係数（$0 \leqq d \leqq 1$）

r：地代

1）自作農的小農を想定した場合，その労働力が農外産業に吸引されるのは，次の場合である。

$(p \times q - c) < w + r$　　(1)

すなわち，農業を継続することによって得られる付加価値（自家労賃と自作地地代）よりも，農業を止めて農外で就職することによって得られる労賃プラス地代収入の方が大きい場合である。

2）反対に，不等号の向きが下のように逆であるならば，この農家にとって農業を継続する方が有利である。

$(p \times q - c) > w + r$　　(2)

ただし，上の何れの場合でも次の式が成り立っていなくてはならない。すなわち，賃金と地代の合計は，家計費を充足する水準に決まる必要がある。

$e \leqq w + r$　　(3)

また，仮に，これとは反対に$e > w + r$である場合には，次の式のようになる。すなわち，ここで家計費は，賃金と地代に加えて，農外兼業の結果として縮小した農業所得をも合わせて充足されている。

$$e = w + r \times d + (1-d)(p \times q - c) \qquad (4)$$

ところで，(1)～(4)の不等式の右辺と左辺の比較は，各人の職業的生涯の中で常に行われるわけではない。それは，新規学卒時点に集中することになる。

筆者のモデルと後に見る生産力格差論との相違点は，第一に，農家間の生産力競争の結果として生じると想定されている農業生産性の農家間格差ではなくして，農業所得と農外賃金との大小関係に，すなわち労働力の引き合いを巡る産業間競争に，農業構造変動の主要因を見ている点である。その結果，筆者のモデルでは，大規模農家が農業に残り，小規模農家が農業から離脱する情況を，経営規模間生産性格差，すなわち「規模の経済」の要因を持ち出すことなく説明することができるようになっている。また第二に，家計費を，分析枠組みの中に組み入れている点も異なっている。

労働市場規定説では，農業構造変動の地域間差は，w（労働市場要因）とq（平均農業経営規模）の地域間差によって主に規定されることになる。しかし，qの大きい地域では企業進出が遅れる傾向があるので，wはqによって逆相関的に規定されていると言える。

筆者のモデルがどうして労働市場が農業構造を規定していることを表現していると言えるのかというと，そもそも農外賃金と農業所得との比較によって農家が経営行動を決定しているという状況設定自体が，農外資本が農家労働力を，労働市場を介して吸引しようとしている場面に注目しているからである。

以下で敷衍するように，対象地で農業就業と農外就業の選択が農家によって実際に行なわれたのは，本書の対象期間の中では1970年代と2010年代，すなわち，後に説明する東北型地域労働市場段階と「近畿型の崩れ」段階の時期であると考えられる。

そしてそれら以外の1980年代～1990年代には，1970年代以前の時期に基幹的な農業就業を選択した者達による農業の規模拡大が見られた。

この狭間の20年間に起こった，基幹的農業就業を選択した者達による規模

拡大を説明するものは，

$$(p \times q - c) = w + r \qquad (5)$$

すなわち，農工間所得均衡の実現が目標となる中で，以下の２つの条件が存在したからである。すなわち，

イ）一つは農工間交易条件の悪化，つまり，pの低下と c の増加であったが，

ロ）他方では，近畿型地域労働市場段階への移行，すなわち農外就業者の加齢にともなう w の上昇もあった。

以上の２つの条件下で(5)の等式を成り立たせるためには q の増加が必要であったのであり，したがってそのことを実現するために農業経営規模の拡大が取り組まれたのである。しかし2000年代以降は基幹的農業就業者の高齢化により規模拡大は停滞した。

４．生産力要因を重視する立場とは？

このように筆者は構造変動の規定要因として農外労働市場条件を重視しているわけだが，他方では，経営体間の農業生産力格差を重視する別の有力な立場が存在する（以下，生産力格差論）。そこで，筆者の立場を特徴付けるためには，生産力格差論についてここで批判的に検討する必要があるだろう。先ず指摘すべきことは，構造変動の背景に経営体間農業生産力格差が存在するのは，当たり前のことなのではないかということである。それは例えて言うならば，「水が流れているのは高低差があるからだ」と言っているようなものである。

したがって，問題は，さらに一歩進んで，生産力格差の存在が，何に由来してどのように生じてきたのかを解明する事でなくてはならないはずである。以下で，順を追って見て行くことにしよう。

第１に，経営体間農業生産力格差は，はたして農家間の生産力競争の結果として生じてきたものなのであろうか。生産力格差を重視される論者達が主張したいことは，おそらくはこういうことであろう。その際の問題意識は，

規模拡大する，いわゆる上層農を生産力競争の勝者・エリートとして祭り上げ，格付けることにあるのではないかと思われる。しかし，このことは必ずしも明言されていないように思う。ところで生産力格差論者は数多いが，筆者は，寡聞にして1980年代以降の少なくとも都府県の特定地域を対象とした農業構造分析において，この理論が実際に実証されているのを一度も見たことがないように思う。それどころか，そうした実証が試みられていることすら見たことがない[3)]。確かに，1960年代後半の『生産費調査』や『農家経済調査』のデータは，いくつかの稲作地域で，農家間の階層間収益格差が，農業構造変動が起こり得るのに充分なほど開いていることを示しはした（梶井 1973）。しかしこれは同じ地域の中の農家でそういうことが起こっているということとは別の事柄である。そうしてこういう不整合は，梶井氏がこういう論を主張し始めた頃から夙に指摘されていたことなので，その後の生産力格差論者達は，こういう生産力の懸隔がはたして農地市場が成立しうる同一地域の内部でも確認され得るのか否かを，地域実態に立ち入って詳しく検証しなくてはならなかったはずである。だが，そういう吟味が行なわれたのを筆者は残念ながら見たことがない。生産力格差論は先に述べたようにある種美しいイメージなので，彼岸の浄土のようにあるべき理想像としてそれを信じたい研究者達が多い，ということなのであろうか？だが筆者の立場はリアリティーを重視しており，実証的な裏付けのない議論はまじめな検討には値しない，というものである。

では第２に，兼業農家の労働力が農業労働力としては農外産業によってスポイルされたことによって生産力格差が生じてきたのだろうか？これは⑤の

3）地域農業構造分析において農家間生産力格差論が実際に使われているのを見たことがない，とは，都府県を対象とした研究について言えることである。手前味噌になって恐縮だが，実は，筆者は，1990年代中頃のベトナム・メコン河デルタでこの理論を使って農業構造分析を試み，その有効性を実際に確認したことがある（山崎 2004）。だが，これは，当時のメコン河デルタの，農外労働市場が十分に発達していなかった状況下でこそ行いえたことなのではないかと考えている。また北海道については判断を留保する。

農外労働市場条件を構造変動の主要規定要因とする立場，すなわち地域労働市場論である。圧倒的な農工間生産性格差の中で，しかも農外産業が長らく客観的には農業を労働力供給源と位置づけてきた状況の下で，こうした地域労働市場論の見方が現実的な妥当性を持っているとは言えないであろうか？しかし，こちらの方も実証的な裏付けが必要なこと，改めて言うまでもない。

5．生産力格差論の意義

生産力格差論について，さきほどは彼岸の浄土などと言って諧謔的な紹介の仕方をしてしまった筆者ではあるが[4]，多くの論者達がそれを信奉している現実に鑑みると，そこには，それ以上の，現実に根差した何らかの真摯な意義があるのではないかと考えてみたくもなる。そこでここでは，こういった観点から生産力格差論について検討してみよう。生産力格差論の代表格は『小企業農の存立条件』（東京大学出版会，1973年）に結晶している梶井理論であろう。そこでここでは梶井理論について検討する。梶井理論の意義は一体どこにあるのであろうか。それを筆者は次のように考える。

それは，一見すると兼業農家が滞留していて農業構造が停滞しているかのように見えた1970年代前半の時期に，規模的上層農と同下層農との間に，構造変動をもたらすのに十分なほどの収益性格差が存在していたことを，農産物生産費統計の個票データを使いながら示し，そうであるが故に構造変動は実は現に進んでいるのであるし，さらに爾後的にも構造変動の進展が展望される，と主張したことにあったのではないかと思われる。つまり，比喩的に表現するならば，「水（農業構造変動）は淀んでいる（停滞している）ように見えるけれども，水の流れが生じるのに十分なほどの標高差（規模階層間生産性格差）が存在するのだから，水は実は流れ始めているのだし，これからも流れるはずだ」と主張したことにあるのではないだろうか。

4）この表現方法は，岡本（他）（2019）より学んだ。

しかしこうした梶井氏による立言と，他方で現実に起こっていた兼業農家が滞留して農業構造の変動がなかなか進んでいなかった実態との間にズレがあったことから，生産力格差論と兼業農家滞留構造論との間で論争が生じたのである[5)]。梶井氏の当時の立場からすると，兼業農家滞留構造は現実を見れば誰にでも分ることであり，言うならば通俗的表象である。それを梶井氏は科学的分析に基づいて批判しているのである[6)]。“本質がそのまま現象するならば科学は必要ない”とはカール・マルクスによる有名な立言だが[7)]，梶井氏のスタンスの真骨頂はここにあるのだし，後に何十年も経ってようやく農業構造変動が進み始めてから，そしておそらくはこの論が現実妥当性を持たなくなった状況の下で，生産力格差論を取って付けたかのように主張し始めた通俗的な議論との決定的な違いがここにはあるのではないだろうか。

そこでこうした議論の状況を前にしながら，宮田村研究の意義を考えてみよう。それは何よりも，1970年代中葉以降，数十年間に及ぶN集落パネルデータを使って，農業構造変動の規定要因に関するかなり具体的な論理を展開することができる可能性がある，という点にこそある。その場合，地域労働市場の構造変動を，実地調査を通して収集したナマのデータで追うことができるようになっている，ということが決定的に重要である。けだし，宮田村は，こうしたことができる日本で唯一の地域なのである。

さらにこうした「下部構造（地域労働市場と農業構造）」の動きと対応する形で，宮田方式の展開を追うことができる点も特筆すべきである。なぜならば，宮田方式の動向と「下部構造」の動向とは相互規定の関係にあるので，前者の分析が後者の分析の論証となりうるし，反対に後者が前者の論証ともなりうるからである。

５）筆者によるこの論争の紹介は，山崎（2018b：第Ⅵ章）。

６）それでは一体何が構造変動を妨げているのかという話に，当然ながらなる。ここから，こういった有利な客観情勢を活かすことができない農業政策に対する，農政ラッダイト運動が展開されることになる。

７）「もし事物の現象形態と本質とが直接に一致するなら，あらゆる科学は余計なものであろう」マルクス（1894：p.1430）。

6．地域労働市場の構造類型と段階

ここで，地域労働市場の一般的な構造類型を紹介する。なぜならば，以下で示す諸類型は，上伊那地方の過去と現在でも見られるものだからである。先ず，山崎（1996）では，２類型を提案している。それらのうち，「東北型地域労働市場」は，男子青壮年層に「切り売り労賃」層が存在する型である。ここで「切り売り労賃」層（磯辺 1985：pp.508-513）とは，後に**第1-5（1）図**で示す賃金構造の③である。これは，地域の賃金構造の中で底辺にある。

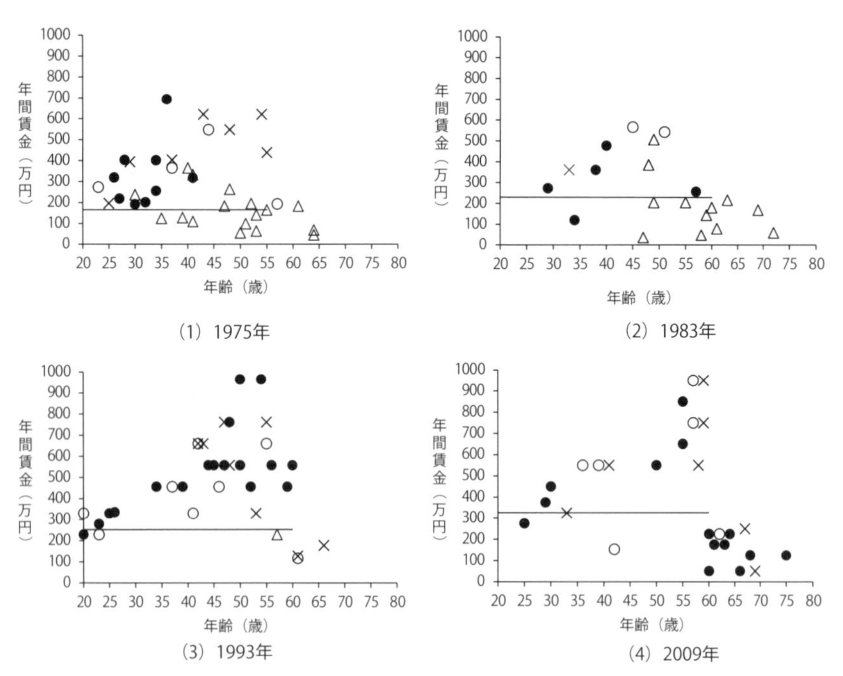

第1-2図　1975～2009年Ｎ集落男子賃金構造の変遷

注：１）凡例：△土建業従事者・臨時就業者，○土建業を除く従業員規模3,300人以上（2013年現在）の私企業常勤者，●同600人以下，×公務員・団体職員。

２）聞き取りした際の賃金が日給の場合は，年間就業日数に日給をかけ，ボーナスや手当等を加算した値を用いた。

（資料）各年N集落悉皆調査データより作成。

（出所）曲木（2016）。

あまつさえ加齢に伴う賃金上昇が見られない。また「切り売り労賃」による就業は季節的なもので，就業状態が不安定である。さらに退職金や年金などの老後の生活保障も十分ではない，といった難点もある。そしてこれは単純労働の賃金と似ている。なぜならば，単純労働賃金も熟練形成を伴わない職種の賃金であり，年功を積むことに伴う賃金上昇がないからである。だが「切り売り労賃」が単純労働賃金と異なるのは，前者では単純労働を行う労働力の再生産が農業所得との合算により行われており，したがって本来の単純労働の賃金よりもその分だけさらに低くなりうる点である。つまり「切り売り労賃」は，世帯構成員の再生産のために農業所得を必要とする特殊農村

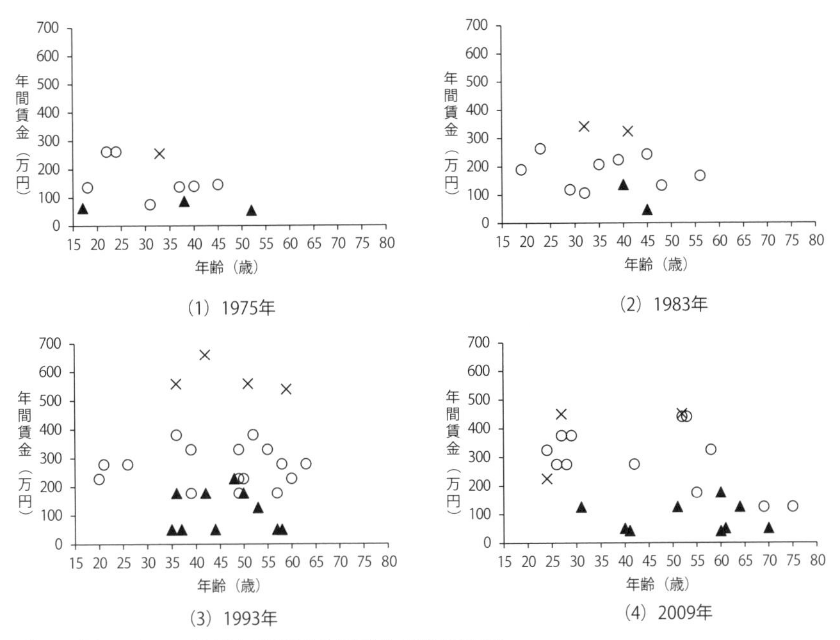

第1-3図　1975～2009年Ｎ集落女子賃金構造の変遷

注：１）凡例：×公務員・団体職員，○私企業常勤者，▲パートタイマー。
　　２）聞き取りした際の賃金が日給の場合は，年間就業日数に日給をかけ，ボーナスや手当等を加算した値を用いた。
（資料）各年Ｎ集落悉皆調査データより作成。
（出所）曲木（2016）。

的な低賃金である。特殊農村的低賃金とは，農業所得との合算を前提とした低賃金のことである。それに対して単純労働賃金は，そのような農業所得を必要としない賃金である。以上から，単純労働賃金＞「切り売り労賃」の関係が存在する。単純労働賃金は，かつて多くの地域で特殊農村的低賃金であったが，近年では兼業従事者の純労働者化が進んで，そうではなくなってきているのである。

以上の「東北型」に対して，「近畿型地域労働市場」は，男子青壮年層に「切り売り労賃」層が存在しない型である（**第1-5（2）図**）。なおここでは男子のことしか述べていない。男子の賃金構造が地域労働市場類型化のメルクマールであり，女子の賃金構造は東北型と近畿型との間で同一の３層構造（公務員・団体職員（常勤者），私企業常勤者，パートタイマー）を成しているからである（**第1-3図**）。

ただし，近年は男子の賃金構造で変化が見られる（山崎・氷見 2019，氷見2020a）。一つは「東北型」で「切り売り労賃」層が消失したのである。つまり「東北型」が「近畿型」へと移行したのである。これは先述の山崎（1996：p.45）の中で既に予告されていたことだが，データに基づいて最初に実際に確認したのは野中（2009）である。二つは近年の「雇用劣化」を反映して「近畿型」で単純労働賃金層が現れるようになった。この点を最初に示した山崎・氷見（2019）は，それを「近畿型の崩れ」と表現している。なお，ここでは「切り売り労賃」と単純労働賃金とを意識して使い分けていることに再び注意されたい。

ところで宮田村では，曲木（2016）が，さきほど述べた1975年から2009年にかけて実施されたN集落調査によるナマのデータを使いながら，地域労働市場の男子賃金構造を把握するために**第1-2図**を示している。だがこれらの図の詳細な説明は曲木筆の第２章に譲ることにしよう。

また**第1-3図**は，やはり曲木（2016）による，女子における先述の３層の賃金構造を示している。これらの図の詳細な説明もやはり曲木筆による第２章に譲るが，女子についてはここで少し敷衍しておこう。

すなわち，男子の「東北型」から「近畿型」への移行は，簡単に言うと，農家男子の青壮年層で農外就業の単純労働が無くなるということであった。しかし，だからと言って当該地域内の企業による単純労働に対する需要が消えて無くなってしまったというわけではない。そのため，そこに単純労働の供給源が絶えず存在していなくてはならないことになるが，残念ながら女性の多くが，過去にはそのように位置づけられてきたのである。女子３層構造のうち，パートと常勤社員はそのような単純労働就業者である。女性が労働市場の中でそのように位置づけられてきた理由には，ジェンダー差別や，出産・育児のライフイベントに対する社会的なケアが十分ではなかったということもあろう。また日本社会には，ジェンダーの違いに基づく分業が自明のこととされる社会的合意が存在してきたという（野村 1993：pp.137-138）。配偶者のいる女性は，家事労働を殆ど一手に引き受けてもきた（森岡 2019：p.26）。「近畿型」の下では，企業内において男性は機会があればより高度の技能を要請される職務に就くことができるようになったが，女性は長らく結婚または出産を機に退社することが予定され，企業内で長期的な教育訓練を受けることもなかった。つまり女性が単純労働を割り当てられることによって，男性が複雑労働を身に付けることが可能になってきたのである。

次は，宮田村ではなくて，その近隣の中川村の2017年の男子賃金構造図についてである。山崎・氷見（2019）では，2017年に中川村Y集落を対象とした集落調査を行っている。**第1-4図**は，その調査結果より作成した男子賃金構造図である。また，その論文では，2009年の宮田村の賃金構造（**第1-2(4)図**）と比較がなされている。分析にあたっては，男子単純労働賃金の上限値を370万円として，３つの年齢層別に以下の指摘をしている。第１に，56～59歳では年功賃金のカーブから外れた者が，もはや例外的とは言えないほど頻繁に存在している。第２に，30歳代後半から50歳代前半の青壮年に，相対的な低賃金が，同じく例外的とは言えないほどの頻度で存在している。第３に，30歳代前半までの若年層の賃金は概して相対的に低いが，その中でも不安定な就業状態の者が存在していて，複雑労働従事者に展開して行くこ

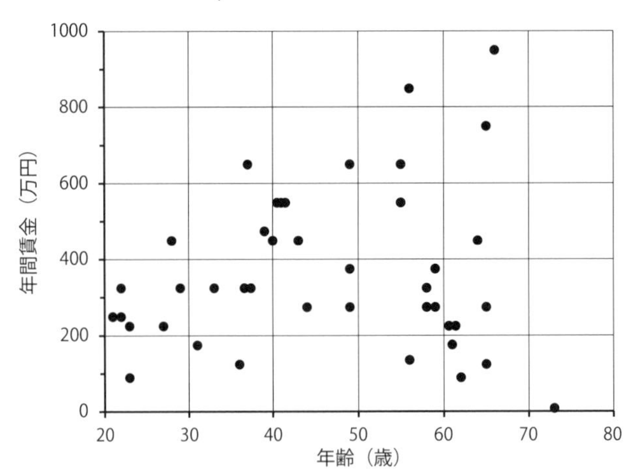

第1-4図　長野県中川村Y集落の男子賃金構造

注１）2017年に同集落在住の42世帯を対象として行った聞き取り調査より作成。
　２）一部に，調査対象世帯員から聞き取った情報に基づいて，県，就業先企業業種，就業先企業規模，性，年齢階層を考慮しながら『平成28年賃金構造基本統計調査』より援用したデータを含む。具体的には，①28歳450万円，②37歳325万円の者。
（資料）2017年に同集落在住の42世帯を対象として行った聞き取り調査より作成。

とが展望される者達から区別される。そしてこうした最後のグループの人々については，「順調な熟練形成によって将来は複雑労働従事者になる，とは簡単には言えそうもない」としている。こうした状況を，就業の不安定化を特徴とする「雇用劣化」の全国一般的な動向と結びつけて，これまで「近畿型」であった地域の構造が崩れてきていると推測した。

また中山間地域においては高齢化が進行し，加えてそこで展開している「衛星的な法人」[8)]では高齢者が主な労働力であることから，同論文では通常の定年退職年齢である60歳を超えた高年齢者の賃金構造にも注目している。2009年の宮田村では，60歳以上の賃金は，年間250万円以下の層にしか分布していなかったのに対して，2017年の中川村では，同年齢層に，300万円以下が７人いる一方で，400万円以上が３人いる。そこで山崎・氷見（2019）

8）「衛星的な法人」については，星・山崎（2015），特にその終章第１節。また後者のリライト版は，山崎（2021：第Ｘ章）。山崎（他）（2018）はこの論点について要約的ではあるが包括的に論じている。

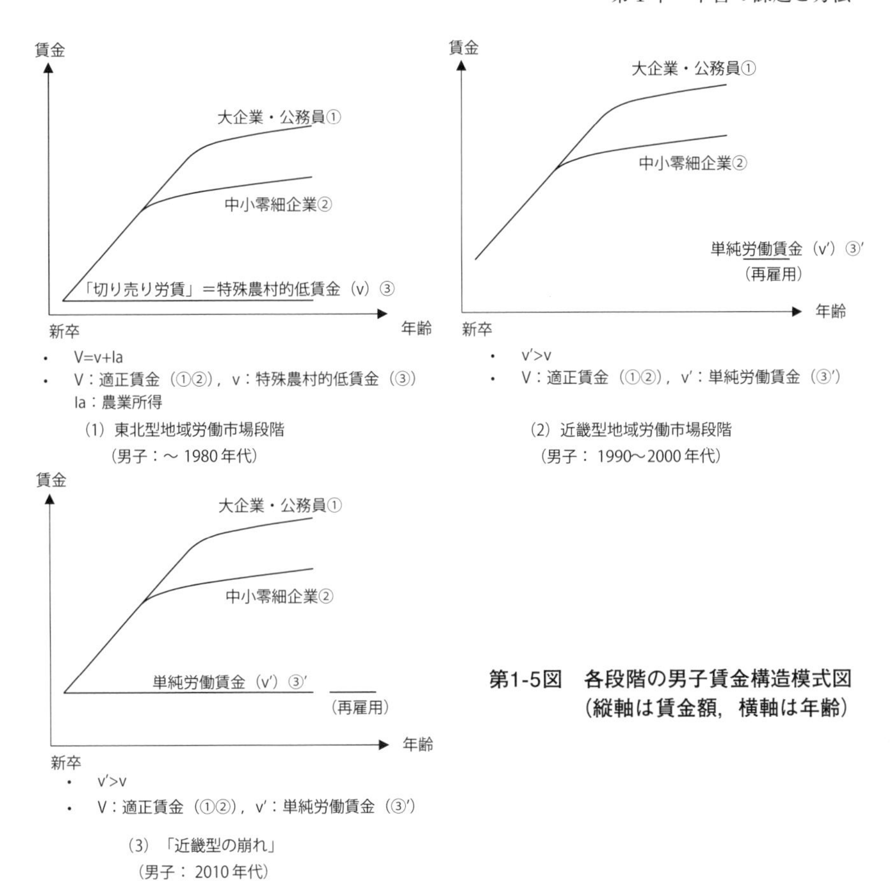

第1-5図　各段階の男子賃金構造模式図（縦軸は賃金額，横軸は年齢）

では，「通常の定年退職年齢後の賃金に２分化が生じている」としている。

宮田村の2019年の賃金構造図は澁谷筆の第３章で示すことになるであろう。そしてそこの男子賃金構造図には，ここで述べた2017年の中川村と似たような特徴が認められるであろう。また中川村の賃金構造については氷見筆の第８章がさらに敷衍するであろう。

以上で概観した賃金構造図に，地域労働市場に関する先述の構造類型論を適用すると，宮田村における地域労働市場は，次のような発展段階を経ながら展開してきたように見える。すなわち，

1）1970年代＝「東北型地域労働市場」段階

2）1980年代＝「東北型地域労働市場」段階から「近畿型地域労働市場」段階への移行期

3）1990－2000年代＝「近畿型地域労働市場」段階

4）2010年代＝「近畿型の崩れ」段階

これらを抽象的な模式図にすると，**第1-5図**のようになる。ただし，2）の過渡的な時期の模式図はない。それをあえて示そうとするならば，図の(1)と(2)との中間的な状態となるであろう。

7．地域労働市場構造と農業構造

ところで山崎（1996）では，当時の地域労働市場の構造類型と農業構造の一般的な関係を次のように整理していた。

イ）「東北型地域労働市場」の下では，兼業滞留構造を前提とした一部上層農の成長が見られ，したがってそこでは高額借地料が現出していた。

ロ）「近畿型地域労働市場」の下では，農家の全層落層傾向があり，そこで現出する低額借地料を背景とした農業生産力の担い手として，農業生産法人が展望されていた。

また，同書では，北海道と沖縄を除く諸地方の当時の地帯区分を，次のように整理していた。（ⅰ）「東北型地域労働市場」が広範に見られる「東北型」地帯には，東北地方が該当していた。（ⅱ）また，「近畿型地域労働市場」が支配的な「近畿型」地帯には，近畿，南関東，東海，山陽の諸地方が該当していた。（ⅲ）最後に，1975－90年に「東北型地域労働市場」から「近畿型地域労働市場」への移行過程が見られる中間的諸地方には，北陸，北関東，東山，四国，山陰，九州が該当していた。

それでは，宮田村の地域労働市場と農業構造で，過去に見られた展開過程の実態は，どのようなものであったのだろうか。

１）「東北型地域労働市場」段階

1970年代の宮田村は「東北型地域労働市場」段階であった。すなわち，青壮年男子農外兼業従事者の賃金構造に，特殊農村的な「切り売り労賃」が存在していた。そうした下で兼業農家滞留構造が存在していた。滞留する兼業農家の営農を，稲作機械の共同利用，及び稲作基幹作業受託で支える農業生産組織である集団耕作組合が，全村圃場整備事業を契機に，村内にある７つの集落の全てで，1970-78年に順次設立されていった。

２）「東北型」から「近畿型」への移行期

1980年代の宮田村は「東北型」から「近畿型」への移行期であった。この時期が持つ中間的・過渡的な性格を反映して，当時の村農政は，兼業農家と専業農家，「それぞれの向きに合った農業」の在り方を目指すとしていた。すなわち，一方で集団耕作組合による兼業農家のサポート体制を構築しながら，兼業農家滞留構造を維持しようとした。だが他方では，土地利用計画と地代制度によりリンゴ団地を造成して，専業農家を育てようとした。

しかし，農工間交易条件悪化（**第1-6図**）の下で面積規模を拡大しようとする農家は冷遇されていた。つまり，彼らは一方では不安定な借地条件の下に置かれ，他方では宮田方式の矛盾によって制度自体が規模拡大を想定していなかった（とも補償等を原資としながら地代制度による地代支払いを行おうとすると，制度が赤字となる[9)]）。

つまり，過渡期の中間的・過渡的な性格を反映して，宮田方式は兼業農家滞留構造の維持と，上層的生産力担当層育成の両面追求を行おうとしたが，後者は前者と矛盾するために，面積規模拡大に向かう上層的な農家を育てることは出来なかったのである。こうしたことから，いつしか「宮田方式は人を育てないシステム」であるとの風評が立つことになってしまった。

９）この点は，曲木（2015）に詳しい。

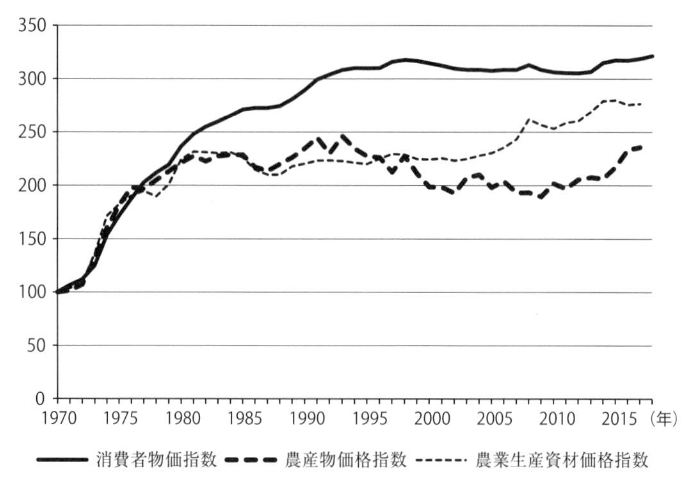

第1-6図　鋏状価格差（シェーレ）

（資料）総務省，農林水産省より作成。

3）「近畿型地域労働市場」段階

1990年代から2000年代の宮田村は「近畿型地域労働市場」段階にあった。

この時期になると，「安定兼業」化によって兼業滞留構造が崩れ始める。すなわち，集団耕作組合に基幹作業を委託しながら稲作と農外就業をなんとか両立させていた0.5～1 ha規模の自作的な中間規模層農家が，経営面積をさらに縮小させて，自家飯米のみを生産する零細層農家や土地持ち非農家に転じて行く動きが顕在化してきた。

他方で，農工間交易条件悪化にも苦しめられる「ワンマンファーム」的（世帯主１人による農業経営）な上層農家には，その後継ぎはいない。その象徴は，かつて鳴り物入りで造成されたリンゴ団地の継承難問題であった。上層農家の規模拡大は宮田方式の中で優遇されない中でも1990年代までは徐々に進み，村の経営耕地面積の維持に貢献していたが，2000年代になって，上層農家の基幹的農業従事者自体が高齢化したことに伴い，借地を維持できなくなっていった。こうした中で，閉塞する局面を打開するために，村外からやってくる新規就農者に対する期待が高まっていった。

今述べたような農業生産の担い手問題が顕在化する直前の状況を詳しく伝えている，1993年にN集落42戸を対象に実施された調査の結果を，階層別にかいつまんで紹介しよう（**第1-1表**，山崎 1996）。

イ）上層農家（すなわち１ha以上層）：ここでは，当時45 ～ 79歳の男子世帯主一人に支えられる形の面積規模拡大と複合化が見られた。1970年代の「東北型地域労働市場」段階の時期に農業に専業的に従事することを選択した世帯主が，その後も農業生産力の担い手として地域の農業生産を主導し，借地を通じて農地面積を維持することに貢献していたのである。しかしその世帯主の高齢化が，この役割を担うことを当時既に困難にし始めていた。

ロ）中間層農家（すなわち１～ 0.5ha層）：集団耕作組合に稲作基幹作業を委託しながら，かつ高齢者や兼業従事者が稲作管理作業を分担し合うことによって，彼らは自己所有地における稲作を維持していた。

ハ）零細層農家（すなわち0.5ha未満層）：中間層農家の農業従事者の中から健康上の理由で高齢者が抜けると自己所有地における稲作の面積規模を維持することが困難になり，農地の貸し手に転化していた。それが零細層農家の姿であった。

以上をまとめると，当時，中間層農家が零細層農家に転化していたが，そのことによって続々と提供されてくる貸地の上での耕作を，上層農家が担い切れない状況が既に顕現していたのである。そのため，村では，「戦後自作農に代替する新たな営農主体」（山崎 1996：p.226）の設立が嘱望されていた。また実際にも，村の農地を維持するために，行政・農協が主導して法人組織が設立されていた。つまり1994年にH農事組合法人が設立されたのである。H法人は，自らの組織内で働く基幹的な男子農業従事者に対して，「近畿型地域労働市場」の下での他産業常勤者並みの賃金（目標１千万/年/人）を供与し，さらに彼らに対して休日，被用者保険並みの社会保険を保証しながら，同時に，村の農地を面的に保全する仕組みとして登場してきたのである。

しかし，H法人は，基幹的男子農業従事者を厚遇する面では所期の成果を

第1-1表　調査対象農家におけ

農家階層	農家No.	経営耕地(a)	借地(a)	貸付地(a)	就業状況						その他
					世帯主世代		後継者世代		その他の家族		
					男	女	男	女			
					年齢農従兼業	年齢農従兼業	年齢兼業	年齢農従兼業	年齢性別農従	年齢性別農従	特記事項
上層	1	830	580	43	53A	51D公	長男他出（大学生）		82男C	75女D	男年雇
	2	331	244	0	59A	59D公	26D中		82女E		
	3	250	95	24	82B	77C	52C零	46D常	17男D		
	4	237	77	20	67A	60C常		26D常			
	5	202	114	0	45A				74女A		
	6	180	37	0	66B	63C	39D公	37Dパ	9男E	6男E	
	7	179	29	0	71A	69C	長男(38歳)他出				
	8	164	0	0	53D零	52D常	長男(27歳)他出		23女E		
	9	163	53	18	57C零	56D常	長男(28歳)他出		84女C		
	10	137	90	0	64C	65D	34D中	36D常	9男E	7女E	
	11	120	0	46	79B	75B	43D公	37D公	9女E	5男E	
	12	103	0	37	67A	71C	41D公	35Dパ	10女E	7男E	
中間層	13	90	18	0	55D公	49D常	長男(26歳)他出				
	14	85	0	0	59B零	53C常		25D常			
	15	85	0	26	50D中	49D常	長男(22歳)他出		84女E	20男E	
	16	85	35	12	71C	70C	長男夫（千葉県）				
	17	83	38	22	46C公	45D公		16E	75男C	65女C	
	18	83	0	0	38C零	38Cパ	12E		73男C	68女C	
	19	81	0	0	83C	67D		50Dパ			
	20	81	17	0	42D自	36Dパ	9E		76男D	74女E	板金自営
	21	80	21	15	42D公	39D公		16E	73男D	77女D	
	22	66	0	9	48D中	48Dパ	20D大		77男D	73女D	
	23	65	0	17	47D公	45D常	長男他出（大学生）		76女D	21女E	
	24	62	0	0	44D大	42Dパ	11D		69男E	68女D	
	25	60	0	0	55C公	48C常	長男他出（大学生）		83女D		
	26	51	0	0	59D自	59Cパ	長男(29歳)村内		88女D		建築自営
零細層	27	41	0	79	45D中	42D		16女E	73男B	90女E	
	28	34	0	20	43D公	44C		13E	73男E	68女D	
	29	33	7	23	49D大	42Dパ	22E大		70男D	72女E	
	30	30	0	188	43C公	42D公		12E	70女E	8女E	
	31	24	0	17	62C	58C常	長男(23歳)他出				
	32	23	20	97	45D中				70女D		
	33	21	0	113	44D零	42D常	12D		77男C	70女D	
	34	19	0	26	66D零	63C	37D公	34E	1女E		
	35	17	0	130	48D公	45D		8E	68女D		
	36	14	0	42	72B	66A	長女夫（近江八幡）				
	37	13	0	145	61D公	58D	長男(33歳)他出				
	38	10	0	48	47D零	45D内	20E中		18女E		
	39	9	0	65	54D中	53Dパ	長男(25歳)他出		23男E		
	40	9	3	37	61D大	57Dパ					世主退職
	41	6	0	32	59D零	58E	長女夫（横浜市）		89女E	56女E	
	42	5	0	61		81D	長男(53歳)他出				

注：1)農業従事日数，主要作物，育苗，集団耕作組合，作業委託は92年の実績，それ以外は調査時点の実態．
2)表頭「農従」における記号の意味．A…農従日数250日以上，B…150日以上250日未満，C…60日以上150日
3)表頭「兼業」で「公」は公務員・団体職員，「内」は内職，「自」は自営兼業に従事の意．その他は山崎(1996)
4)表頭「主要作物」では，水稲以外については出荷しているもののみ表出した．また，水稲の（　）内の数値
5)表頭「機械所有」で「トラクター」のCはトラクターは所有していないが，耕耘機は所有しているの意．
6)表頭「育苗」における略字の意味．「農」…農協に委託，「委」…個人農家に委託，「班」…班内共同作業．
7)表頭「集団耕作組合」の「オペ出役日数」以外の数字は集団耕作組合利用面積．
8)表頭「作業委託」は，N集団耕作組合以外への部分作業委託（除育苗）があった場合の作業名と委託面積．
（資料）1993年7，8月に実施した宮田村N集落の農家42戸を対象とした聞き取り調査より作成．

る就業状況と農業経営概況 (1993年)

農業経営概況										
主要作物	機械所有				育苗	集団耕作組合				作業委託
	トラクター	田植機	稲収穫機	乾燥機	緑硬 化化	トラクター	田植機	コンバイン	オペ出役日	
水稲150 a (135俵), 搾乳牛26頭, 育成牛10頭	3	1	C	1	農自	—	50	—	—	—
水稲204 a (202俵), リンゴ101 a	1	1	C	1	自自	—	—	—	—	—
水稲195 a (207俵)	1	1/2	B		自自	—	—	170	5	—
水稲211 a (215俵), リンゴ26 a		1			自自	211	—	211	3	—
水稲 84 a (90俵), 搾乳牛 5頭, 育成牛 2頭	2	1/3	B		農農	—	—	78	—	—
水稲133 a (123俵), リンゴ37 a					農自	133	133	133	13	—
水稲145 a (143俵), リンゴ26 a	C	1	B		農班	155	—	115	—	—
水稲153 a (141俵)					農班	153	153	153	2	—
水稲110 a (105俵), リンゴ53 a		1			農自	110	—	110	9	—
水稲 81 a (64俵), リンゴ53 a			B		農自	81	81	68	7	—
水稲109 a (75俵)	1	1	B		自自	86	—	86	—	—
水稲 52 a (45俵), リンゴ18 a, ナシ25 a, ウメ4 a					農自	52	52	52	—	—
水稲 70 a (64俵), リンゴ20 a	1	1	B		農農	—	—	64	—	—
水稲 80 a (78俵)	C		B		農自	73	80	73	—	—
水稲 72 a (78俵)					農自	72	72	72	6	—
水稲 62 a (40俵), ウメ 3 a		1	B		農自	62	—	62	—	植62
水稲 80 a (70俵)					農班	80	80	80	4	—
水稲 72 a (70俵)					農自	72	72	72	3	—
水稲 76 a (71俵), メロン 2 a, カリフラワー 2 a	C		B		自自	68	76	68	-	—
水稲 65 a (46俵)		1			自自	65	65	65	6	—
水稲 73 a (74俵)	C		B		農自	67	73	67	4	—
水稲 61 a (60俵)			B		農班	61	53	53	—	—
水稲 53 a (50俵)					農班	53	53	53	—	—
水稲 45 a (38俵)			B		農班	45	45	45	7	—
水稲 50 a (45俵)					農農	50	50	50	—	—
水稲 42 a (32俵)					農班	42	42	42	—	—
水稲 30 a (18俵)					農班	30	30	30	—	—
水稲 29 a (29俵)					農農	19	29	29	—	起10
水稲 26 a (20俵)					農班	26	26	26	—	—
水稲 12 a (10俵)	1	1		1	農委	—	—	12	—	—
水稲 9 a (—)	C	1			農委	—	—	—	—	穫 9
水稲 23 a (16俵)	C	1	B		自自	—	—	—	—	—
水稲 5 a (—)	1	1			委委	—	—	5	—	—
水稲 16 a (11俵)					農農	16	16	16	—	—
水稲 10 a (—)	1	1			農自	—	—	10	—	—
―――――					——	—	—	—	—	—
水稲 8 a (—)					委委	—	—	8	—	起植8
水稲 5 a (—)					農農	—	—	—	—	起 5
水稲 7 a (—)					農委	7	7	7	—	—
水稲 4 a (—)	C	1	B		自自	—	—	—	—	—
―――――					——	—	—	—	—	—
ジャガ芋 5 a		1			——	—	—	—	—	—

未満, D…60日未満, E…なし.
の図6－1, 2の賃金構造の区分に対応している.
は出荷俵数. (—) は出荷なしの意.
「田植機」における分数は共同所有の意. 「収穫機」のBはバインダー, Cはコンバイン. 空欄は所有機械なし.
「自」…自家で実施.

「植」は田植作業, 「起」は耕起作業, 「穫」は収穫作業の意.

第1-2表　調査対象農家における就業状況と農業経営概況（2009年）

（1）土地面積と就業状況

農家階層		農家番号		土地					
2009	1993	2009	1993	経営耕地（a）	借地（a）	貸付地（a）	休耕地（a）	経営耕地（1993年）	経営耕地（変動）
上層	上	1	1	735	535	35	0	830	-95
	転入	2	なし	210	210	0	0	0	210
	上	3	2	199	164	0	0	331	-132
中間層	上	4	3	172	15	24	20	250	-78
	上	5	9	157	50	25	20	163	-6
	上	6	4	150	76	0	0	237	-87
	上	7	8	149	0	0	9	164	-15
	上	8	6	139	9	23	0	180	-41
	転入	9	なし	134	134	0	0	0	134
	中	10	14	99	20	0	0	85	14
	零	11	39	94	46	27	0	9	85
	中	12	15	91	0	30	0	85	6
	中	13	20	81	20	2	0	81	0
	零	14	33	80	0	0	54	21	59
	中	15	17	80	3	0	0	83	-3
	中	16	23	75	12	20	0	65	10
	上	17	10	72	27	0	0	137	-65
	中	18	22	67	0	0	0	66	1
	上	19	12	58	0	0	0	103	-45
	中	20	13	52	0	24	0	90	-38
	中	21	26	51	0	0	0	51	0
	中	22	24	48	0	0	0	62	-14
	零	23	40	43	1	0	0	9	34
零細層	零	24	28	29	0	20	0	34	-5
	零	25	36	25	0	38	22	14	11
	中	26	18	23	0	59	7	83	-60
	上	27	11	23	0	120	0	120	-97
	零	28	30	22	0	200	0	30	-8
	零	29	32	19	17	97	0	23	-4
	零	30	37	19	0	124	0	13	6
	零	31	42	15	0	60	0	5	10
	上	32	7	14	0	110	5	179	-165
	零	33	35	11	0	136	0	17	-6
	中	34	25	7	0	50	0	60	-53
	零	35	41	7	0	20	0	6	1
	零	36	38	5	0	43	0	10	-5
	無答	37	なし	5	0	89	0	-	-
	上	38	5	5	0	26	0	202	-197
	零	39	29	5	5	50	0	33	-28
	零	40	31	3	0	17	2	24	-21
	零	41	34	1	0	6	0	19	-18
	中	42	19	0	0	70	8	81	-81

就業状況						
世帯主世代		後継者世代		その他の家族		その他特記事項
男	女	男	女			
69B	67B	長男（35）他出		91女E		
34A	33A		1E			
42C大	41Eﾊﾟ		5E	75女C	3男E	
68C零	62D	33D公				
73A	71A	長男（44）夫婦家族4人が敷地内別居				
84A	76A		42D常	12男E		
69C公	68C	長男（43）他出				
55D公	53D公	25D中		82男B	79女C	
62A	49A					
75B零	70Bﾊﾟ					
70B	69Dﾊﾟ	長男（42）他出				
66B	65D	長男（38）他出				
58C公自	52D公		27D公	19男D		板金業自営。
60C中	58D常	29E零		92男E	85女E	
62C公	61Dﾊﾟ		31Eﾊﾟ	82女D		
63D	61D	長男他出（近在）		92女E		
50D中	52D常		23E	81男D	81女D	長男婿養子。
64D零	64Dﾊﾟ	36D大	36D	12女E	9女E	3女E
57D公	50Dﾊﾟ		26E常	83男B		長男（23）他出進学。
41D公	40Eﾊﾟ					母（60代）Bが敷地内別居。
45D−	45D−		18D−	74男E	74女D	15男D
57C大	57Dﾊﾟ	長男他出		84女E		
77E	73B					世主病気。
59E公	60Cﾊﾟ			88男E	84女E	
88B	83A	長女夫（滋賀県在住）				
55B中	55Dﾊﾟ	30D中	27D常	84女D		
58D公	52D公		24E	16男E		長男（20），次女（19）他出進学。
59D公	58D公		28E常	86女D	24女E	
61D零	38D	8E		87女D	1男E	
	74D	長男（49）他出				
	97E	長男（70）他出				世主老人ホーム。
87A	85B	長男（55）他出				
64B	61B		24E常			
71D	65E	長男他出				
76C自	75E自	長女夫（神奈川県在住）		73女E		不動産業自営。
63D零	60Dﾊﾟ					
67B零	62D					
60A零						
66D公		長男（38）他出				
39E大	31E		13E	78男C	74女D	5男E
53D公	50Dﾊﾟ		17E	79女E	14女E	
	66E常					

第1-2表　調査対象農家における就業状況と農業経営概況（2009年）

(2) 作物，機械，育苗，集団耕作組合，地代制度

農家階層	農家番号	主要作物		
2009	2009	水稲		その他
		(a)	(俵)	
上	1	165	155	小麦345a，大豆110a，黒豆17a，馬鈴薯17a
	2	10	0	リンゴ200a
層	3	156	16	隠元豆5a，花卉5a，ホウレン草2.5a，馬鈴薯，南瓜，唐辛子
	4	146	123	
	5	107	100	リンゴ50a
	6	104	102	リンゴ26a，西瓜10a
	7	134	125	
中	8	107	9	リンゴ9a
	9	0	0	リンゴ89a，西瓜26a，ブルーベリー19a
	10	99	105	
	11	93	85	
	12	66	59	
間	13	70	55	
	14	60	43	
	15	80	58	
	16	72	63	
	17	67	67	
層	18	60	48	
	19	52	52	梨，ブドウ
	20	39	36	花卉6a
	21	42	29	
	22	28	28	
	23	38	30	
	24	29	15	
	25	0	0	
	26	8	0	
	27	8	0	
零	28	12	8	
	29	19	0	
	30	8	2	
	31	0	0	
	32	4	0	
細	33	11	4	
	34	0	0	
	35	0	0	
	36	5	0	
	37	0	0	
層	38	5	0	
	39	0	0	
	40	6	0	
	41	0	0	
	42	0		

注：1）2009年調査時点における経営耕地面積を基準にそれが大きい順に農家を配列し，「農家番号」を付した。
2）表頭「農家階層」については本文参照。
3）また，表頭「農家階層」で，1993年における「転入」の記述は，93年から09年の間の転入者の意。「無答」は，93年に集落内に居住していて調査対象として選定したが，その当時は調査拒否の意。
4）「－」は未詳。ただし，「経営耕地（変動)」と「地代制度収支」の「－」はマイナス。
5）空欄または「なし」は該当事項なし，の意。
6）表頭「後継者世代」のところで，独身の兄弟姉妹は性別を問わずに年長者を後継者とした。
7）農業従事日数（表注9参照），表頭「主要作物」，表頭「育苗」，表頭「集団耕作組合」は2008年の状況。それ以外は調査時点の実態。
8）表頭「就業状況」における数値と記号の意味は次の通りだが，農外勤務の状態は第Ⅰ-3図の賃金構造の区分に対応している。数値は年齢を示す。A…農業従事日数250日以上。
B…同150日以上250日未満。C…同60日以上150日未満。D…同60日未満1日以上。E…同0日。
公…公務員・団体職員（男女）（第Ⅰ-3図の×）。自…自営兼業（男女）。

機械所有			育苗		集団耕作組合				地代制度収支（万円）
トラクター	田植機	収穫乾燥	緑化	硬化	トラクター	田植機	コンバイン	オペ出役日数	
4	1/2	C	農	自			735		−9
			農	農	10				−5
1	1		農＋委	自			156	3	−9
1	1/2		農	農			119	2	−14
			農	農	107	107	107		−10
1	1	B	自	自	104		98		−8
			農	共	134	134	134		−13
			農	農	107	107	107	2	−11
1			なし	なし					−3
			自	自	99	99	99		−8
			農	農	93	93	93		−6
		D	自	自	66	66	66	3	−7
1		B	共	共	70	70	70	6	−6
1			農	農	60	60	60		−7
			農	農	80	80	80	4	−7
			共	共	72	72	72		−6
			農	農	67	67	67	2	−5
			農	農	53	53	53	12	−6
1			農	農	52	52	52	1	−4
1			農	農	38	38	38	2	−3
			農	共	42	42	42	2	−4
			農	農	28	28	28	6	−4
			農	農					−4
			農	農	29				−2
C			なし	なし					−2
			農	農	1	1		3	−1
1	1/2	B1/2	委	委					0
1	1		農	農			12		1
1	1	B	自	−			5		0
			委	委			8	1	0
			なし	なし					0
1	1	B	農	農					0
			農	農					1
			なし	なし					0
			なし	なし					0
			農	農					0
C			なし	なし					1
1	1	B	自	自					0
			なし	なし					0
	1		耕	耕					0
			なし	なし					0
			ない	なし					1

常…私企業の常勤職員（女子）（第1-3図（2）の○）。パ…パートタイマー（女子）（第1-3図（2）の●）。男子の大（大規模企業），中（中規模企業），零（零細規模企業）は，それぞれ第1-3図（1）の▲○●。なお，家族の続柄は世帯主との関係を示している。

9）表頭「主要作物」では，水稲以外の作物については出荷しているもののみ表示した。また，「水稲」の俵数は出荷俵数。

10）表頭「機械所有」で「トラクター」のCはトラクターは所有していないが耕運機は所有している，の意。「田植機」「収穫乾燥」における分数は共同所有の意。「収穫乾燥」のBはバインダー，Cはコンバイン，Dは乾燥機。

11）表頭「育苗」における略字の意味。農…農協に委託。委…個人農家に委託。共…複数農家による共同作業。自…自家で実施。

12）表頭「集団耕作組合」の「オペ出役日数」以外の数値は集団耕作組合利用面積（単位：a）。

13）表頭「地代制度収支」は，宮田村資料による同制度概要，及び農家より聞き取った作付・農地貸借状況からの推計値。

（資料）1993年7，8月，及び2009年9月に実施した，宮田村N集落の農家を対象とした聞き取り調査より作成。

上げることが出来てはいたものの，地域の農地を保全する仕組みとしてはあまりうまく機能しなかったようである。その理由を挙げるならば，次のようなものである。a)「近畿型」の下での他産業並み労働条件のハードルは高い(先述のように壮年男子構成員の目標年収は１千万円/年/人)。b) そうであるにもかかわらず，H法人に委託されることになる農地は，山際の湿田など，農家の手に余る劣等地的条件のところが多い。当然ながら，H法人にとっても負担が大きい。c) そのため，高収益部門（ブナシメジ）と土地利用型部門との間には，大きな収益性格差が存在することになる。以上から，H法人は，時とともに，次第に高収益部門へと特化していった。

次に，反対にこの段階の到達点を示す，2009年調査の結果をかいつまんで紹介することにしよう（**第1-2表**，山崎 2013)。

上に見た1993年時点の上層農家（１ha以上層）12戸は，その全てが，2009年までに1993年時点の借地の一部を返還して，規模を縮小していた。他方で，1993年時点の中間層農家（0.5～１ha層），及び零細層農家（0.5ha未満層）は，2009年までに定年帰農した者達がよく健闘しながら農地を維持しており，それどころか中には規模を拡大する事例も見られた。また都会からの新規就農者がリンゴ作農家として頑張っていた。このようにして参入した農家が，2009年の対象農家の中には２戸あった。

４）「近畿型の崩れ」段階

宮田村では，近年の労働条件に見られる社会的趨勢たる「雇用劣化」の中で，2010年代には，青壮年男子の農外就業条件の中に，「切り売り労賃」層ならぬ「単純労働賃金」層が形成されて，「近畿型の崩れ」とでも表現すべき状況を捉えることができるようになっている。

だがこうした下でも，「近畿型地域労働市場」段階で見られた全層落層的な農業構造の変化は，現象としては不可逆的に進行している。

その理由は，(a)「単純労働賃金」は「切り売り労賃」とは異なり，農業所得との合算を不可欠としたいわゆる低賃金ではもはやなくて，労働者としての一応の自立が可能な賃金である。(b) この背景として，「単純労働賃金」は「切り売り労賃」と比較して相対的に「高い」ということも勿論あるが，他方では，家族多就業構造の一般化（女性労働力率の向上，及び高齢者就業率の向上をその具体的な内容とする），加えて格差社会化＝貧困化の進展により，労働者としての「自立」ということのハードル自体が低くなっている，ということもある。(c) また，農家就業構造に見られる「慣性」，すなわち，農外労働条件が悪化しても，農家世帯員は生産手段や技術を要する農業への関与が少ない状態を，今や簡単には変えることができない。(d) さらに，企業の勤怠管理のあり方が厳しくなってきており，農外就業と両立させる形で農業を行なうことが困難になってもいる。

こうして進行する全層落層的な農業構造変動は，地域の農地を保全すること，換言するならばそのために必要な農業生産の担い手を確保することの困難性を，ますます深刻化させてきている。そうしてこうした状況の下で，定年退職後の高齢帰農者や新規就農者への期待が高まってきている。またそうした者達が，実際にも，地域の農地保全に一定の役割を果たすようになってきている。

農地保全問題の深刻化を受けて，地代制度の下で人為的に高められていた地代水準は，2016年以降は農地賃貸借市場の実情を反映するような形で引き下げられてきた。

また，全層落層的な農業構造変動は，自作農的な中間層の解体を主な内容としているのだが，このことは，この階層を主な存立基盤としていた集団耕作組合の組織見直しの機運をもたらしてきてもいる。

こうした中，2015年にM農事組合法人が設立された。それは，全村的な機械作業受託組織である。またそれは，当面はコンバインのみの作業受託を行なってはいるが，今後は，トラクター，田植機へと作業範囲を拡大してゆくことが展望されている。その設立が目的とするところは，集団耕作組合におけるオペレータ確保の困難化の解消と，機械取得費用負担の軽減である。

8．結論：宮田村農業の半世紀を通観して見えてきたこと

最後に本章で明らかにできた内容を摘記する。

①1970年代までの「東北型地域労働市場」段階の時代に農業に基幹的に従事する事を選択した者達が，その後，長らく地域農業を支えていた。

②1970年代から80年代初頭に形成された宮田方式は，集団耕作組合の取り組みを通じて兼業農家の営農を支援し，したがって兼業滞留構造を維持する側面を持った。そのため，①で述べた農業に基幹的に従事することを選択した農業者の，それ以降の規模拡大要求に対して制約条件を課すこととなった。さらに，土地利用計画がそうした農業者に対して不安定な借地条件を強いたことも，彼らの規模拡大要求に対する追加的な制約条件となった。

③宮田村の地域労働市場構造は，1980年代以降に「近畿型地域労働市場」へと徐々に移行して，それが2000年代まで維持された。つまり青壮年男子農外企業就業者に対する複雑労働従事者としての処遇は，30年近くにわたって持続した。これに農工間交易条件の悪化も加わり，農外からの労働力吸引と農業からの押し出しが相乗的に作用した結果として，農業後継者はいなくなってしまった。基幹的農業従事者がいた件の家の後継者でさえ，農外就業を選んだ。

④2000年代に入ると，上層農家における基幹的農業従事者の高齢化と，中間層農家における農業補助者の高齢化から，地域の農業生産の担い手が先細り，農地保全の問題が深刻化していった。

⑤2010年代になって，新規就農者が上記の基幹的農業従事者に代替し，また〈定年帰農者＋M農事組合法人〉が，かつての〈農業補助者＋集団耕作組合〉に代位しようとしているが，地域の農地を面的に維持するには人員不足であり，そのためさらなる農業生産の担い手が希求されている。そうした中，a）新規就農を巡る新しい動き（詳しくは第４章，第７章参照），b）集団耕作組合とM農事組合法人の経営体化（第５章），c）及び壮年連盟・担い手会に

よる農業生産活動（第６章），といった新たな動きが生じている。そうしてこれらの動きの活発化は，後の諸章で見るように，「近畿型の崩れ」段階の地域労働市場条件の下で，その条件に規定されながら起こっていることなのである。

補論　2010年代の企業調査の結果

１）はじめに

以下では，「近畿型の崩れ」段階における企業の動向を敷衍する。これらの記述は，企業を訪問して行った聞き取り調査の結果である。調査の時期は，いわゆるアベノミクス下の好景気の時期であった。なお，記述の中では，調査時点を現在としながら，それより以前の時点を過去とする。

２）A人材派遣会社伊那支店

この事業所の調査は，2013年７月９日に行っている。対応してくれたのは支店長である。

会社自体の創立は1981年の事であり，その伊那支店が設立されたのは1991年である。資本金は１千万円である。本社所在地は名古屋市である。この会社には，やはり人材派遣業を営んでいる子会社がある。

役員は本社に経営者夫妻２名がいる。事務所に勤務している従業員の数は，伊那支店に３名，名古屋支店に１名である。彼らの給料は月給制で支払われている。その他に派遣従業員，あるいは業務請負従業員がいる。会社全体の彼らの総数は200名だが，伊那支店にはそのうち100名がいる。その内訳は，業務請負従業員が80名，派遣従業員が20名である。2008年秋のリーマンショック前には会社全体で400名，うち伊那支店に200名が在籍していたが，伊那支店在籍者はリーマンショック直後（2009年３月時点）に30名にまで減少していた。その後，また増加し，特に昨年（2012年）は１年間で20数名増えて，現在の人数となった。

第1-3表　A社の派遣従業員数　　（単位：人）

	男子	女子	計
日系ブラジル人	54	36	90
フィリピン人	0	数人	数人
日本人（他地域）	5	1	6
日本人（地元）	0	0	0
計	59	約40	約100

（資料）2013年7月に実施したA社を対象とした聞き取り調査より作成。

派遣従業員は，日系ブラジル人が大半を占めている（具体的な数値は後述）。名古屋本社では，当初日本人を多く雇っていたが，著しく就業能力に欠ける人ばかりが来て困っていた。しかしヤマハが外国人を入れると良かったという話を聞き，当社も外国人に切り替えた。以来，ずっと外国人中心の派遣を行っている。

派遣従業員・業務請負従業員を，何れも社内では「正社員」と呼んでいる。彼らの給料は時給制である。全員が工場勤務である。男子は生産ライン，女子は検査工程に入る場合が多い。派遣先企業は30～40社くらいある。伊那市だと，NEC長野，ルビコン(株)，オリンパス(株)，西部ルビコン(株)などである。既に倒産したが，長野ケンウッドにも派遣していた。

大手人材派遣会社は日本人の派遣を扱っているが，A社のような中小派遣会社は外国人や落ちこぼれた人・プライベート上の理由がある人に限られる。高卒無内定者がたまに来るが，ほとんど使えない。「中小の派遣業者に来るような若い日本人はどこでも勤まらない。就職できないのは本人のせいという感じ。」（支店長談）[10]

2013年7月現在の派遣従業員の属性別人数は**第1-3表**のようになっている。

外国人の語学力は，日常会話以上のレベルの者が30%，片言程度が40%，それ以下が20%である（概数なので合計で100%にならない）。中には日本のビジネス専門学校に通っていた者もいる。そのような者は日本語がうまい。

フィリピン人は全員女性で，かつ日本人男性と結婚している。日系ブラジ

10）同様の低評価は，高畑（2019：第3章）。

ル人の女性には不足感がある。兼業農家は地元企業の正社員としては勤めるが，人材派遣企業には殆ど来ない。なお兼業農家は，10年ぐらい前までは農業を理由にして仕事を休むということもあったらしいが，最近は土日曜日に農業生産組織が作業を担ってくれているので，そういうこともないようだ。また，他地域から来た日本人は，名古屋市から３名，大阪府から１名，広島県から１名である。女子の１名は長野県内の他地域出身者である。

以下は派遣従業員の賃金についてである。日本人と外国人の間に賃金の格差は無い。先述のように時給制である。額面で，男子は月平均30～40万円，女子は25～30万円である。各種手当は，時間外手当（25％増），深夜手当（25％），法定休日出勤手当（30％），法定外休日出勤手当（25％）である。法律で決まっている最低ラインの手当は支給している。通勤手当，住居費手当はない。ボーナスはない。作業は全くの単純作業である。特別な能力を必要としないので，評価基準は存在しない。賃金総額を時給換算すると，1,500円～2,000円くらいである。

休日は，派遣先に拠るが，通常は週２日休みである。週休と正月・盆・祝日を合わせて年間110～130日程度の休日となる。

勤務時間帯は日勤が8：00～17：00で，そこに２～３時間の残業が付く。夜勤では20：00～翌日8：00である。つまり２交代制である。外国人労働者は３交代制だと誰も働かない。彼らには８時間労働では短い。他方で日本人は３交代制でないともたない。昔の日本人ならば，２交代制でも大丈夫であったかもしれない。また日本人は夜勤をやりたがらないが，外国人は25％増の賃金に魅力を感じる。

保険加入率は，健康保険・厚生年金保険10～20％，雇用保険100％，労災保険100％である。社会保険にはなかなか入ってくれない。ただ単に保険料を取られだけだと思っているらしい。リーマンショック以降は，理解して入ってくれるようになった（特に雇用保険）。なお，国民健康保険を含めると，健康保険にはほぼ全員が入っている。

ブラジルと日本との間で年金協定が結ばれており，片方の国で掛金を払え

第 1-4 表　A 社派遣従業員の勤続年数

	男子	女子
日系ブラジル人	3 年未満 70%，3～10 年 10%，10 年以上 20%	
フィリピン人	該当無し	3 年未満
日本人	3 年未満 2 人，10 年以上 3 人	3 年未満（出たり入ったりで 5 年）

（資料）2013 年 7 月に実施した，A 社を対象とした聞き取り調査より作成。

ば，年金を受け取ることができるようになっている。またリーマンショック後に渡航費補助（厚生労働省の日系人帰国支援事業）があった。だがこれは，ハローワークを通さないと受給できなかった。

派遣従業員の雇用期間は最大で３年までである。それを超えると，無期雇用にする必要があるからである。一度，2009年問題が取り沙汰されたことがあった。これは，製造業派遣先において，同一部署で連続３年以上派遣契約を結べなくなる問題であった。その時は，派遣従業員を企業が直接雇用するか，事業請負に切り替えなければならない，とされていた。だがその前に幸か不幸かリーマンショックがあったために，この問題は先送りとなった。来年（2014年）３月か４月にまた問題が出てくるだろう[11]。

上への対応としては，２年半経過したくらいの時点で，派遣従業員の雇用から事業請負に戻す，という方法がある。

A社の派遣従業員の勤続年数は**第1-4表**の通りである。

ブラジル人は，20％くらいが日本にずっと滞在しており，80％が出たり入ったりしている。３～５年働き，帰り，また３～５年して（ブラジルで失敗するなどして）戻ってくる。

派遣従業員の年齢構成は次のようになっている。日系ブラジル人は20歳代が15％，30歳代が30％，40歳代が30％，50歳代が20％，60歳以上が５％，で

11）その後，2015年の労働者派遣法改正により，派遣会社と期間を定めない雇用契約を結ぶ「無期雇用派遣」が認められた一方で，同一の派遣先企業で働き続けられる期間が３年と定められた。３年経過した時点で，派遣会社は，①派遣先企業に対して直接雇用してもらえるよう促す，②別の派遣先を紹介する，③派遣会社自身が派遣従業員を無期雇用する，などの措置を取ることが求められている。

ある。日本人は全員が50歳代である。日本人男子はリストラ・倒産などの経験がある人達なのではないか。

派遣従業員の求人方法について。日本人はハローワークを通している。日系ブラジル人は，ブラジル人向け雑誌にいくつか求人広告を載せる。口コミやフェイスブックも有効である。

派遣従業員への教育制度について。派遣企業は何らかの訓練をしなければならない（らしい）。昔は半田付けを教えていたが，今は行なっていない。半田付け工程が全てベトナムに行ってしまったからである。

現在（2013年7月）の経済状況とそれへの対応について。ここ半年の円安でも中国から工場が戻って来ているということはない[12)]。工場の中身がすっかり海外に移ってしまった企業もあり，こういうところはもはや雇用を増やしたりはしない。だが「円安の恩恵はまだこれから」とも言われている。リーマンショック後の不況を持ちこたえた企業は，多少人を増やし始めている。

地域農業や地域経済についての所見について。支店長は，土日農業しか行ったことがないので，農業に関する特に強い主張は無い。ただ，農業も企業的に対応しなければならないのではないか。農業にしろ小売業にしろ，法で守られている。頑張ってアイディアを出せばなんとかなるのではないか。農業を抜本的に改革する時期に来ていると思う。製造業の立場からすれば，輸入米に課せられている高い関税はばかげている[13)]。

3）N精機（飯島町）

調査を行ったのは2015年7月7日である。社長本人から聞き取りを行っている。当社に対しては2009年8月26日にも聞き取り調査を行っており（星・山崎2015：pp.97-100），今回は6年ぶりのその追跡調査となる。

12）2013年7月9日時点の米ドル対円相場は101.04円。対してその半年前の1月9日に，それは87.15円であった。

13）2022年1月1日版の実行関税率表によると，籾の輸入関税は402円/kgである。

21年前に輸出専門（国内販売不可）の香港企業として広東省東莞地区で工場を立ち上げた。そのため現社長は，2009-10年に中国に駐在していた。2010年に，ホンダ，デンソーの工場ではストライキがあり，賃金を上げさせられていたが，N精機のストの動きは地方政府が止めてくれて現実化せず，賃金も上げずに済んだ。どうやって人件費を下げるかがメイン・テーマで，1,400人いた従業員を，1年後には820人にまで減らした。省人化は機械化（ロボット化）で進めた。ロボットは内製品である。

また，ベトナム工場は，2013年に投資して2014年10月から操業を開始した。従業員数は15名で，売り上げはまだ無く，これからである。

会社の事業内容は，プレス，成型，組み立てである。2次，3次下請けが中心である。昨年（2014年），日本工場の売上総額は30億円，中国工場は50億円であった。基本的に製品を納品する場所で作ることにしている。携帯電話部品10%，薄型テレビ部品20%（HDMIコネクター），自動車部品70%（パワステ用，ブレーキコネクター用，LED用の部品）。技術革新により，携帯電話ではN精機の部品を使わなくなってしまった。携帯電話のバイブレーション機能のモーター部品は，かつてはN精機の主力商品であったが（2009年調査時点ではそうであった），今は使わなくなり，アイフォンではリニア（バネ）に置き換わってしまった。当該モーター部品の売り上げは2010-11年頃から減り始めていた。一昨年（2013年）5千万円あったその売上額は，昨年には5百万円にまで減少してしまった。2，3年後には無くなるであろう。車載部品にこだわっているわけではないが，新製品として具体化してくるものは，自動車の電装化の流れの中で，車関係の電子部品のものしかない。車のモーター数は，10年前は100個と言われていたが，現在は200個と言われている。現在，2017-18年の量産化に向けて準備しているのは，自動車用ECUコネクター，多角センサー用部品，自動運転用センサー部品，燃料電池セパレーターである。準備はたいへんだが，準備中は売り上げにならない。2次，3次下請けは量産2，3年前からの準備になるが，飛行機用部品は量産10年前から準備するという。

４月に新入社員を８名採用した。上記の業況を反映して，現在の正社員190名（女子40名，男子150名）には余剰感がある。短時間正社員制度はあるが，実態としては存在しない。リーマンショック後，派遣従業員は基本的に使っていない。その時の派遣切りはつらかった。もうやりたくない。現在，新製品立ち上げのために５名の日本人の派遣従業員を使っているが，最初から３か月の雇用期間を定めている。彼らは，夜勤はしたくない，土曜の仕事はやりたくない，といった注文をつけてくる。契約社員もリーマンショック後は使わないようにしている。

２，３年前に定年雇用延長を始めた。彼らは正社員の呼称だが，時給制となり，かつ１年毎に契約更新する。65歳になると契約しない。現在の最高年齢は62歳である。

仕事量に応じて３交代制夜勤を２年ぐらい前から実施している（2009年調査時には夜勤の話は出ていなかった）。現在の夜勤者は20名程度である。毎月25日に翌月のシフト表を作る。

ベースアップは実施していないが，定期昇給は行なっている。去年の賞与は夏に1.5カ月分（地域内他社は１～1.7月分と認識している），冬に1.67月分（同0.5～２カ月分）出した。

コスト削減のために新たに取り組んでいるのは，電気料金値上げに対応して，LED化と太陽光発電を進めている事である。後者は売電も行っている。また，屋上で太陽光発電すると涼しくなることが分った。

４）H屋（駒ケ根市）

当社からは2015年７月７日に，会長，専務（会長の御子息）より聞き取りを行っている。

会社設立は1965年であった。もともとは，渥美半島で，海産物，農産物を原料にしながら様々なものに加工して，それらを雑穀問屋に卸していた。

だが2003年９月に当地に移転してきた。当時は米価が下がっていた。また昆布は大手が扱うようになっていた。そうした中で事業内容が胡麻の加工に絞り込まれていった。だが，胡麻工場は騒音を出すので，隣近所の住民から何処か他所へ行ってほしいとの要望が上がってもいた。さらに老朽化した工場を新築する必要もあった。長野県外も含め，あちらこちらに移転先の候補地を考えた。また長野県内でも方々探し回った。結局，駒ケ根市の担当者が好印象であった。市長も強力に後押ししてくれた。ただ，当地にメガバンクが無いことだけが問題であった。

当社で使用している原料600トンのうち，580トンは輸入品で，残り20トンが国産品である。日本全体の輸入量は16万トンだが，他方で中国が60万トン輸入しており，最近は買い負けている。その結果，輸入原料価格が高騰している。白胡麻の輸入価格は，3，4年前からは，それ以前の1.5倍になっている。2千ドル/トンであったのが，3千ドル/トンへと上昇している（250～300円/kg）。また，黒胡麻は2倍になっている。そのため製品価格を上げざるをえなくなっている。世界中の農家が携帯電話で互いに連絡を取り合っていて，価格情報を共有しているようだ。

国産品は昭和40年代（1965-1975）に輸入品に置き換わっていった。その結果，国産胡麻は今や貴重品になっている。当社では，国産品は1,700円/kgで買い取ることにしている。国産品には希少価値があるために，利益率を維持したまま高い原料価格を製品価格に転嫁することが可能である。国産品の生産量は需要量に対して不足している。そのため適当な栽培地がないか探しているところである。胡麻は，10a当たり80～100kg作れる。鹿児島県・喜界島では，原種栽培を行っている。原種は小粒である。また，長崎県と茨城県に胡麻を栽培している農家がいる。さらに，当社専務が駒ケ根市単独事業の胡麻プロジェクトに参加している。このプロジェクトを契機に，駒ケ根市の60戸の農家が合計7～8トンの胡麻を生産するようになっている。ここでは，JA上伊那が農家に呼びかけて参加者を募集し，そこで生産されたものをJAが全量買い取り，さらにH屋がそれを全て買い取っている。当地は高冷地なので，それ向けの岩手黒（10種類程度）を栽培している。JA上伊那管内で，転作などでもっと胡麻の栽培を増やしてもらいたい。JA上伊那では，胡麻生産農家向けに，①５月初めに播種講習会，②９月に刈り取り講習会，③10月に出荷講習会を開催している。出荷講習会では，刈り取ったものから網を使ってゴミを取り除く方法，荷姿，袋に名前を入れる事，を指導している。信州産品はブランド競争力がある。胡麻は芽がきつくて獣は食べないので，獣害対策にもなる。６月播種で９月収穫である。中には麦を鋤きこんで胡麻を播種する農家もいる。栽培適地の国内北限は青森である。白胡麻の原産地は中南米，アフリカである。黒胡麻はミャンマー，メキシコ，ボリビアが原産地である。

全国に30～40社の胡麻加工業者があるが，H屋は小規模な方である。大手（売り上げ80億～100億円）は，かどや製油，真誠である。５月で締めたH屋の昨年度の売り上げは，4.7億円であった。その前年は4.4億円であったので，売上額は伸びているが，原料価格の高騰から増収減益である。大手はロットが小さすぎて国産原料に手が回らない。それと較べれば，H屋は小回りが利く。

製品は，煎り胡麻，擦り胡麻，ペーストである。それらは，加工度が高いほど利益が出る。ペーストは加工度が高い。東京ビッグサイトで開催されている食品・飲料展示会のFoodex Japanに出展している。また駒ヶ根胡麻は，新宿ナポリアイスクリームで採用されている。

５）Sプレス工業（飯島町）

当社で行った調査の実施日は，2015年９月８日である。

事業所は，本社工場のみである。1959年創業で，当期57期目である。

生産している品目は，自動車部品が８割（トヨタ，日産向けのエンジン，ライト，ハイブリッド用の部品）である。残り２割は，オートバイ，パソコン，建設機械，フルート等（宮沢フルート）管楽器，アウトドア製品（コンパクトガスコンロ）用の部品である。顧客は，地元企業が６割，県外企業が４割である。自動車部品の品質管理は厳しく，元請け企業による事前監査を経て受注となる。

加工する材料は，鉄板，ステンレス，アルミ，銅，真鍮，チタンである。加工の板厚は，0.05mm ～ 12mmである

設備は，プレス機械が37台あり，その他に金型設計機などがある。

従業員は，パートタイマーを含めて43名である。また従業員の平均年齢は47歳である。外国人は，正社員の中に中国人が１名いる（金型技術者）。43名中，正社員が38名である。正社員を部署別に見ると，技術部に27名（製造17名，金型５名，品質管理５名），業務部に７名（出荷準備，営業等），総務部に４名である。性別に見ると，女性が５名（総務部３名，品質管理１名，業務部１名），男性が33名である。65歳定年制だが，会社との話し合いによって70歳までの継続雇用がある。４年前に初めて工業大学卒業者１名を採用し，その後，３年連続して大学新卒者を採用したが，基本は，前職にて製造業で仕事をした経験を有する40歳以下で技術のある人を中途採用する。

正社員の賃金体系は，基本給＋家族手当＋交通手当＋残業手当＋技能手当，である。基本給は55歳まで定期昇給がある（１～３千円/年）。だが，60歳になると下げる。初任給は，未経験者は18 ～ 23万円，経験者は30万円である。交通手当は，飯田市から通っている者が多く，彼ら（彼女ら）に対して，２万円/月支給している。残業手当は，支給総額で300万円/月になる。技能手当は，２名（金型，研磨）に１～２万円/月支給している。家族手当は，２千円/子である。賞与は，リーマンショック前は，1.5 ～２カ月分（30 ～ 35万円）×年２回，支給していた。調査年（2015年）は，１カ月分×年２回である。社会保険は，労災保険，雇用保険，健康保険，厚生年金保険である。

パートタイマー５名の性別は，女性が４名，男性が１名である。男性の１名は，他社を退職した金型技術者の再雇用で，67歳である。

夜勤はない。勤務時間は，正社員が８～ 17時だが，パートタイマーには８～ 15時と８～ 17時の２つのタイプある。土日は休みであるが，祝日は休まない。年末年始に９連休，夏期に９連休，ゴールデンウィークに５連休を実施している。有給休暇は時間単位で取得可能である。

派遣従業員はいない。ただし，過去には，受け入れ後に半年と１年が経過

した時点で正社員にしたケースが，それぞれ１件ずつある。１名は金型技術が高かった者で，２年前に正社員化した。もう１名は昨年４月に正社員にした。昨今は金型技術者の確保が難しい。トヨタの新型車製造に伴う熟練労働需要の増加が背景にある。なお，派遣従業員の賃金は安くはない。

６月に決算を行なう。本年（2015年）の売上額は6.5億円であった。なお，リーマンショック直前には９億円であった。リーマンショックの時には，パートタイマー５，６名に辞めてもらった。

６）K製作所長野事業所（松川町）

当社で調査を行ったのは2018年８月28日である。その時は，代表取締役社長から聞き取っている。

業種はプラスチック成型である。細かい物（フジゼロックス，キヤノン，ニコン向けOA機器搭載の歯車・ギア部品：金型を締める力は100～200ｔ）から大きい物（バンパー：金型を締める力は1,000ｔ以上）まで作る。ギアは駆動部品が得意で，長野事業所で数十種類を作っている（１個当たり数秒～10秒で作れる)。金型が３千個ある。しかし現役の金型は600個である。残りはメンテナンス対応である（破損，修理用)。金属部品は製作していないが，それとプラスチック部品とを組み合わせてアセンブリ品を生産している。以上の製造工程は自動化している。

キーエンス製3Dプリンタ（購入価格数千万円）がある。それを用いた造形品を，１～２個/月程度受注し，販売している。製品を１個作るのにかなりの時間がかかる。また，なかなか強度が出ない難点もある。なお，近日中に硬軟複合材料を扱う100万円程度の3Dプリンタを導入する。この機械の日本メーカーは無く，米メーカーが作製した機械を購入する。受注した3Dプリンタ製品を，安価（数千～３万円）で販売している。なお，製品には表面が粗い難点がある。

当社は，長野事業所がメイン工場（生産拠点）だが，中国に海外工場（プラスチック射出成型品生産）がある。海外工場の取引先も日本と同じで，例えばキヤノンが香港で製造を行なうと，それについて行く。それぞれの事業所で，生産と出荷を行っている。なお，東京都大田区の事業所では経理のみを行なっている。また，国内の協力会社にアウトソーシングも行っている。協力会社は，長野県内に３社（喬木村１社，諏訪市２社），東京都大田区に１社ある。

従業員は，K製作所グループ全体で400～500名である。うち，日本国内は30名である。長野事業所は23名である。その全員が正社員である。男女比は6：4である。年齢構成は，20歳代が６名，30歳代が６名，40歳代が５名，50歳代が５名，60歳代が１名である。部署別に見ると，製造部に４名，業務部（梱包と２次加工）に５名，品質管理部に４名，営業部に５名，経理部に１名，取締役として４名である。従業員は，材料調達，生産，検査，梱包，経理，営業に従事している。現社長が就任した時には，パート職員が１割程度いた。10年位前に派遣職員１名を正社員に切り替えた。外国人は雇わない。

現社長は４代目である。彼が当社に就職したのは2005年である。それまでは８年間ほど海外で生活していた。初代と２代目の社長は長野県出身者であった。

労働条件について。勤務形態は日勤のみである（夜勤はない）。休日は，公休の年間130日間に加えて，有給休暇がある。１日８時間労働である。手当は，役職手当（主任～部長に対して役職に応じて支給），特殊手当（特殊な免許の所持者に対して支給），超勤手当，住宅手当である。昇給は，手当を積み上げるタイプではなくて，基本給を上げるタイプである。昨年（2017年）は基本給を５千円程度上げた。賞与は冬に１カ月分出している。高卒初任給は17万円である。賃金の最高額は800万円である（60歳代の者）。

定年年齢は65歳である。だが当人が望めば60歳から早期退職が可能である。

新規採用について。募集方法は，ネット求人，ハローワーク，高校とのタイアップである。中には中途採用者も大勢いる。大卒者は中途採用者が何人かいる（40歳代半ば）。現社長になってからは新規採用を差し止めているが，それまでは１～２名/年のペースで雇い入れていた。リーマンショックの時に従業員数を60名から30名に減らした。この時，余剰人員を関連企業に出向させたのである。

今後の方向性は国内回帰である。顧客の大手企業は海外展開を志向しているが，ついて行けない面がある。中企業エンドユーザーとの取引を進めて行きたい。また，国内で技術を取り戻したい。金属部品の樹脂化（安価，柔らかい，音が静か，周波数が低い，軽い）や耐熱樹脂（250℃でも耐えられる）が考えられる。

農業について。昔は農作業のために休む人がいた。しかし今はいない。下伊那地方では，農地転用率が高まっている（社長は高森町在住）。農業のことをしっかりと考えて行かないといけないと思う。他県から飯島町にIターンした人がいるようだ。

７）まとめ

以上，長野県伊那谷地方の５社を対象にしながら2013-18年に実施した調査を通じて聞き取った内容を紹介した。この時期はいわゆるアベノミクス下の好景気の時期で，企業の求人活動は回復して来ていたが，リーマンショック前の水準にまでは未だ及んでいなかった。

この動向を体現するのが，A人材派遣会社伊那支店である。同社では，リーマンショック前には200名の従業員（業務請負従業員，派遣従業員）を抱えていたが，2013年の調査時点は100名であった。それでもリーマン不況下の底であった30名からは回復していた。

精密機械用部品製造のN精機は，リーマンショック後の不況下に派遣従業員と契約社員とを合わせて60数名の整理・解約を行なった。爾後，基本的に正社員のみであるが，その人数は前回調査時の2009年から今回調査時の2015年までに，181名から190名へと，やや増加している。また，2012年頃に定年雇用延長を始めている。さらに３か月の期間限定付きではあるが，派遣従業員を５名受け入れている。なお，同社では，リーマンショック後の不況下に広東省の工場でかなり大規模な人員整理を行なった一方で，2014年にはベトナム工場を新たに立ちあげている。

胡麻加工のH屋は国産原料を使う高級品生産を志向しながら，順調に業績を伸ばしているようである。食品加工業者が世の景気動向とは関係なく業績を伸ばしているのを見るのは，2009年に調査したH味噌で既に経験したことでもある（星・山崎 2015：pp.101-103）。

自動車部品製造のSプレス工業では，リーマンショック直後にパート従業員数名に辞めてもらった。売上額は，リーマンショック直前は９億円であったが，2015年の調査時点には6.5億円である。金型技術者を確保するために，2013-14年に派遣従業員の合計２名を正社員にしている。

精密機械用部品製造のK製作所は，リーマンショック後の不況時に国内の従業員を関連企業に出向させる形で60名から30名にまで減らした。2018年の調査時も30名であるので，この間に増減があったのかもしれないが，傾向としては変わっていない。ただし，国内協力会社へのアウトソーシングを行なっているし，また中国に海外工場を持っている。

第２章　地域労働市場の構造転換と農家労働力の展開
――長野県宮田村35年間の事例分析

1．課題と方法

日本の農業経済学研究では，1970年代から80年代にかけて地域労働市場論が特に盛んに論じられたが，その背景には70年代以降，農外資本が農村部に出向く農村工業化が政策的に進められ，農業から農外資本への労働力供給が在宅通勤兼業形態でもって進展した実態がある。その当時の代表的な論者の一人である田代（1981）は，農業所得との合算がなければ再生産費用を賄うことのできない低位な賃金，すなわち「切り売り労賃」が男子農家世帯員から層を成して検出できる状況を各地の農村地域の農家実態調査より明らかにし，これを基底部とした重層的格差構造を形成する特殊な労働市場を「地域労働市場」と規定した（「切り売り労賃」の具体的な規定は後述する）。そして田代氏は，こうした構造が全国各地の農村部で検出されるという認識の下，これがかつて特殊日本的とも呼ばれた日本全体の低賃金構造を規定するとともに，資本の高蓄積に結びついていると主張した。

しかしながら，田代氏の兼業農家＝低賃金労働力供給源といった認識にはその後反論が存在する。山崎（1996）は1980年代以降，青壮年男子農家世帯員から「切り売り労賃」を層として検出できない地域が存在することを明らかにした上で，この新たな地域労働市場構造を「近畿型地域労働市場」と規定し，田代氏のいう「地域労働市場」，すなわち男子農家世帯員に「切り売り労賃」層が検出される地域労働市場構造を「東北型地域労働市場」と再規定している。

以上のように整理すると，地域労働市場をめぐる議論は一見対立して展開してきたように見えるわけだが，ここで田代氏の言う「地域労働市場」の中には，のちに「東北型」から「近畿型」へ地域労働市場構造が転換した地域が存在する可能性を想定すれば，両者の地域労働市場の認識は地理的な相違だけではなく，対象とした時期の相違も含むことになるだろう。もっとも山崎（1996）は，北陸，北関東，東山，山陰，四国，北九州，南九州の農村工業化地域については，地域労働市場の構造転換が起こった可能性があることを示唆しており，こうした地域を中間的諸地域と規定している。また山本（2004）は，中間的地域の1つである北関東に位置する群馬県玉村町の実態調査研究を通じ，昭和10年生まれを境とした就業条件差を検出した上で，世代交代に伴う地域労働市場の構造転換が1980年代後半から90年代前半にかけて生じたものと推察している。

ところで，地域労働市場が「近畿型」へと転換したとされる1980年代は，農業からの労働力供給が全国的に見受けられなくなったと同時に（友田 2001），非正規雇用が増大し始めたとされる時期である（伍賀 2014）。よって，地域労働市場が「近畿型」へと転換した農村部においても，特殊農村的な「切り売り労賃」の消滅と「年功賃金」の一般化の一方で，今日新たに非正規雇用の比重が増大していることが推察されるわけだが，従来の研究では構造転換への認識それ自体は存在するものの，転換そのものを実証した研究は存在しない。

よって，こうした低賃金労働力の質的な変化が生じる具体的なメカニズムも明らかにされていないのである。

また，これまでの地域労働市場研究における「切り売り労賃」の議論は青壮年男子農家世帯員に主要な論点が置かれ，女子農家労働力のそれについては明確ではなかった。とはいえ地域労働市場研究に限らなければ，吉田（1995）の次のような議論がある。すなわち女子農家労働力の低賃金は，零細私的土地所有を基盤とした直系家族制農業の下，差別的低賃金での就業を余儀なくされた結果として形成される，というものである。だが友田（1996）は，直系家族制農業によらずとも女子は「差別的低賃金による所得をもって家計補充をせざるを得ない」（p.69）と主張し，労働者世帯においても女性の就業の困難は変わらないとしながら吉田氏を批判している。筆者もまた友田氏と同意見であるが，そうであっても，「東北型」と「近畿型」とで女子農家労働力の低賃金に質的な相違を検出しうるか否か，といった点を実証的に明らかにする必要性それ自体は存在するだろう。

そして，地域労働市場は農業と農外資本の再生産的連関の場である以上，農家の就業構造は地域労働市場に大きく規定される一方で，農外資本もまた地域労働市場に農業と結びついた低賃金労働力を見出せるか否かでその展開は大きく変わってくるものと考えられる。しかし，これまでの地域労働市場研究においては，企業調査を中心にその時々の農外産業の動向は把握されてきたものの，地域労働市場の構造転換を跨いだ動態的な分析は行われてこなかった。

以上から，本章では長野県宮田村N集落[1)]の農家約40戸を対象に，４回，1975，1983，1993，2009の各年と継続的に実施された集落悉皆調査データと各種統計を用いながら，地域労働市場の構造転換の実証およびこれが生じるメカニズムを明らかにするとともに，このことが地域の農外産業の展開に及ぼす影響を明らかにすることを課題とする。各年の悉皆調査データは1975年に関東農政局が，1983，1993年に農林水産省農業研究センター（現，中日本農業研究センター）が，2009年に東京農工大学農業経済学研究室が調査を実施したものであり，筆者は2009年の調査に参加した。

ここで，本章において宮田村を対象地域とした理由は次の３点にある。第１に，上述したように，宮田村N集落は約半世紀にわたり集落調査が行われ

1）笹倉（1984a）によれば，N集落は1960年時点で全村と比較し水田面積に大きな違いはなかったが，1970年頃より桑園の開田を積極的に進めた結果，１戸あたりの経営水田面積は全村で93ａ，N集落は108ａとやや大きくなった。ただしその差は15ａにとどまる。また1975年時点での総農家に占める第２種兼業農家比率は全村が73.5％であるのに対し，N集落は60.9％と，その比率は12.6％低かったが，1980年にはN集落が70.8％，全村で81.8％といずれも10％近く増加している。よって，最初に調査が実施された1970年代の時点では他集落より相対的に農業の比重が高かったものの，確実に兼業化が進んでおり，また経営耕地面積も大きな差は存在しないことから，N集落を宮田村村内の動向を代表する集落として扱う。

た地域であり，こうしたデータや研究成果を用いた動態的な分析を行うことができる点である。このような同一集落を対象とした長期的な地域労働市場分析は今まで存在しないが，本研究でこれが可能なのは農業経済学研究者による実態調査研究が継続的に行われたからこそである。第２に，長野県は地域労働市場の地帯類型のうち中間的地域にあたる東山に位置することから，「東北型」から「近畿型」への構造転換が検出されると考えられるためである。なお，宮田村は山崎（1996，2013）によって，1990年代前半以降「近畿型」にあることが実証されている。第３に，宮田村の位置する長野県上伊那郡は農村工業化地域であるとともに，1970年代から80年代にかけ，労働問題研究者による地域労働市場研究が盛んに行われたことから，こうした研究成果を用いながら当時の農外産業の動向を把握することが可能なためである。

２．宮田村農業と農外産業の展開

１）宮田村における農業構造の展開

第2-1表は宮田村の経営耕地面積規模別農家戸数を示したものである。これを見ると，農村工業化後の1960年から70年にかけ0.5～1.5ha層の減少が進

第 2-1 表　宮田村における経営耕地面積規模別農家戸数の推移　（戸）

年	計	0.3ha未満	0.3-0.5ha	0.5-1.0	1.0-1.5	1.5-2.0	2.0-3.0	3.0-5.0	5.0-10.0	10.0-20.0	20.0ha以上
1960	794	131	120	311	182	45	5	-	-	-	-
1965	789	155	123	291	158	57	5	-	-	-	-
1970	779	152	119	261	155	78	14	-	-	-	-
1975	745	128	126	264	137	68	20	2	-	-	-
1980	705	196	123	199	114	52	16	3	2	-	-
1985	683	203	114	185	100	48	23	6	4	-	-
1990	600	150	107	175	95	41	23	6	3	-	-
1995	564	155	90	162	94	39	15	6	2	1	-
2000	508	147	93	144	65	36	17	3	3	-	-
2005	484	161	83	129	53	32	17	3	4	1	1
2010	458	168	69	111	60	27	17	3	1	2	-

注：１）すべて総農家の値。
（資料）各年『農林業センサス』（農林水産省）より作成。

んでいるが，1970年以降は1.5～2.0ha層も減少に転じ，0.5ha以下と2.0ha以上の農家戸数が増大するという両極分化傾向が見て取れる。これは1971年の基盤整備事業を受け72年より各集落で順次設立された稲作機械一貫体系の共同利用・共同所有組織である「集団耕作組合」の登場によって稲作基幹作業の省力化が図られ，さらには作業そのものを組合に委託することが可能となったことが大きい。他方で機械の個別所有化も進む。**第2-1図**は宮田村における農家100戸あたりの機械所有台数の推移であるが，基盤整備によって中型機械の導入が可能になったこともあり，動力耕耘機・トラクターに加え，田植機やバインダーが普及したことが見て取れる。

こうした稲作作業の機械化に伴う省力化は，農村工業化以降すでに進展していた農家の兼業化をさらに進めることになる。『農林業センサス』によれば，1970年から75年にかけ，第１種兼業農家が299戸から122戸へと半分以上減少しているのに対し，第２種兼業農家は432戸から590戸へと増加している。

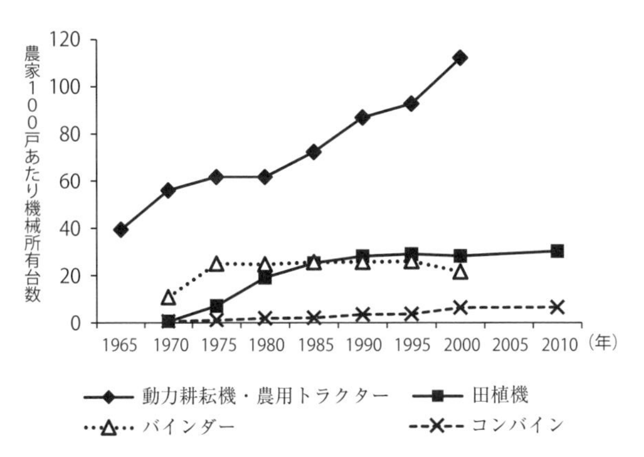

第2-1図　宮田村における農家100戸あたり稲作用機械所有台数の推移

注：１）1995年までは総農家100戸あたり，2000年以降は販売農家100戸あたりの値である。
　　２）2005年は機械所有台数の統計が存在しないため，図示していない。
　　３）1965年の田植機・バインダー・コンバイン，および2010年はバインダーの統計が存在しないため，図示していない。
　　４）2010年は歩行型動力耕耘機の統計が廃止されたため，データの連続性を考慮し，2010年については動力耕耘機・農用トラクターは図示していない。
（資料）各年『農林業センサス』(農林水産省)より作成。

また**第2-2図**は男女の年間農業従事日数別農業就業人口の推移を示したものであるが，1970年時で年間農業従事日数が150日以上の男子は243名，女子242名であったものが，1975年には男子98名，女子95名と男女とも60％以上減少している。他方，年間農業従事日数60～149日の農家世帯員については1970年時で男子111名，女子216名と明らかに女子の方が多かったが，基盤整備後の75年には男子141名，女子163名と女子の割合が約半分へと顕著に減少している。つまり，この５年間で農業専従者の男女と農業補助者の女子について相当程度農外への労働力化が進んだことが示唆されるのである。

こうした中，それまで取り組まれていた水田酪農も衰退，稲単作化が進むこととなるが（笹倉 1984a），他方で兼業深化の動きに歯止めをかけるべく，複合部門の振興政策も引き続き行われた。すなわち，第二次構造改善事業（1971-78年）の際には肉用牛と花卉の導入が図られ，地域農業構造改善事業（1981-83年）の際にはわい化リンゴの団地造成と同時に，世に「宮田方式」と呼ばれる独自の地域農業システムが開始された。宮田方式は「切り売り労賃」で就業する兼業自作農を制度の担い手と位置付けながら，その維持存続を目的とする制度であったが（曲木 2015），1990年代以降，兼業農家の多くが農外で「安定兼業」化するとともに，自作農も年々農地の貸し手へと

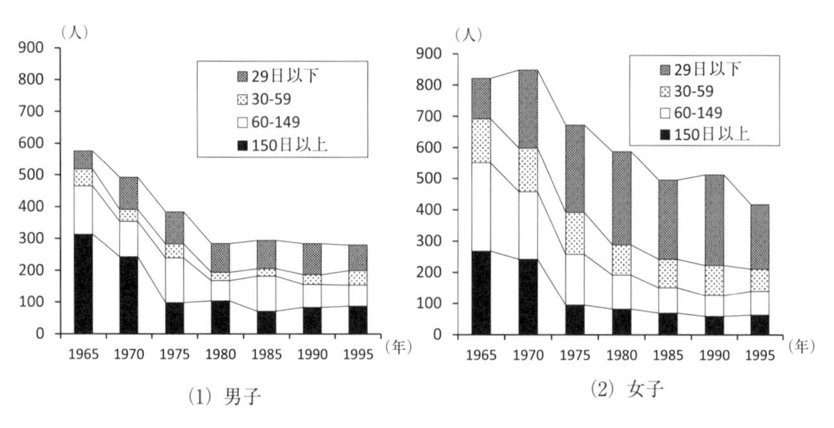

第2-2図　宮田村における男女別年間農業従事日数別農業就業人口の推移

（資料）各年『農林業センサス』（農林水産省）より作成。

リンゴ団地（2019 年，新井撮影）

転化する中，むしろ農地保全を担う主体の育成が課題となっているのが現状である（山崎 1996，2013）。

2）農村工業化と農外産業の展開

第2-3図は宮田村における事業所数の推移を示したものであるが，製造業の事業所数は1951年から60年までは減少傾向にある。これは，在来の養蚕を中心とした製糸業の廃業によるものと考えられるが，1960年よりまず製造業の事業所数が増加し始め，1970年頃より建設業の事業所数も増加している。

こうした製造業の展開，特に下請け企業の増大を支えたのが，農業から供給される大量の農家労働力であった。**第2-4図**は『国勢調査』より宮田村の就業者数の推移を男女別に示したものである。これによれば，男女とも第１次産業就業者数が1950年から80年ごろにかけ一貫して減少しており，これが就業者全体に占める割合も66％から12％へと低下しているが，特に注目されるのが，1970年から75年にかけ女子401名，男子220名，合計621名の第１次産業就業者が減少している点である。ただし『農林業センサス』によれば，この間「農業が主」の農家世帯員数の減少は340人程度であることから，『国

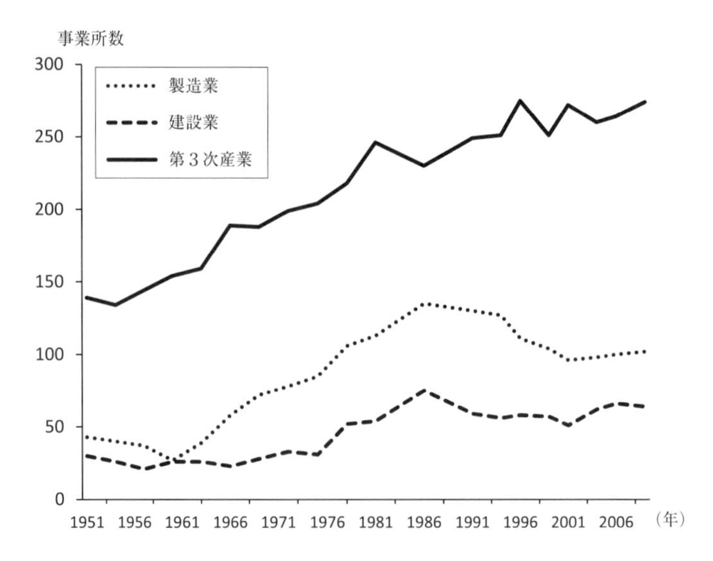

第2-3図　宮田村における事業所数の推移

（資料）各年『事業所統計調査報告書』（総務省統計局）より作成。

勢調査』の減少は過大である可能性がある。とはいえ**第2-2図**で見たように，1970年から75年までの間，農家労働力の農外での実質的な労働力化が急速に進展していたのは確かであろう。その背景には，先述した稲作農業の省力化とともに，1970年から開始された総合農政下における減反政策および作付制限，また，これと連動した農業の交易条件の悪化があると考えられる。

では，第１次産業就業者はどの程度他産業に移行したのか。『国勢調査』の値は過大である可能性を断りながらその推移を追うと，まず男子については建設業が68名，製造業が65名，第３次産業が73名増と，合計206名増加している。むろん，産業間で就業者の入れ替わりはあったと考えられるが，ほぼ第１次産業就業者数の減少を相殺する数である。他方，女子については製造業就業者が25名増加し，また建設業17名，第３次産業48名の計90名の増加が見られた。とはいえ，これはこの間減少した第１次産業就業者の22％（90名/401名）にすぎない。これは1973年のオイルショックに伴い，「ピラミッド構造」の上部を構成する大企業がロボットの導入や下請け企業に任せてい

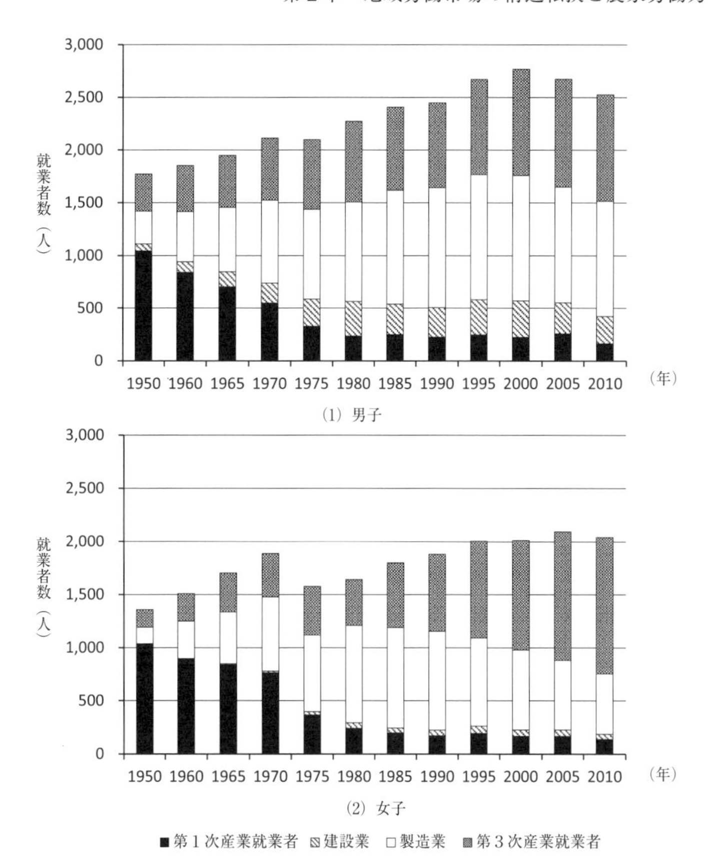

第2-4図　宮田村における産業別就業者数の推移

注：１）鉱業就業者は最高でも10名未満であったため除外した。
（資料）各年『国勢調査』（総務省統計局）より作成。

た工程のオートメーション導入による自社化などの合理化を進め（今井1994），女子従業員や高齢男子熟練工を中心に人員整理が行われたことから，製造業が十分に女子労働力を吸収できなかった時期であるためと考えられる。

以上を整理すると，1970年代前半は，農業から他産業への労働力の流出が進んだ一方で，ほぼ同時期に発生したオイルショックに伴い，特に女子の失業者が十分に再雇用されない中，地域労働市場に過剰人口が形成された時期であると考えられる。しかしこの時期は，オートメーション化に伴う新技術

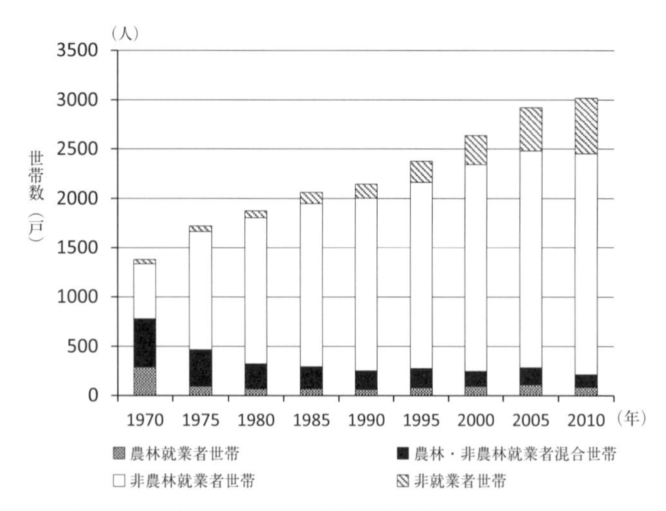

第2-5図　宮田村における農林・非農林別就業者世帯の推移

（資料）各年『国勢調査』（総務省統計局）より作成。

の導入および昼夜交替制への適応性が高い男子の新卒労働力を年功賃金を設けながら積極的に採用するようになった時期でもあり（池田 1982），これにより若年労働力が都市部へ移動せず，地域内にとどまる傾向が見受けられるようになったことが指摘されている（江口 1985）。

そして1980年以降，第１次産業就業者数は400人前後で推移することとなるが，1975年の中央高速道路全線開通により都心部へのアクセスが良くなると，今度はコンピューター関係の電子産業の進出が進むとともに“伊那バレー”と呼ばれる高度技術産業地帯として飛躍，再び製造業を中心とした労働力需要が回復した（今井 1994）。そして第２次産業は1980年代後半まで，第３次産業は1990年代後半まで就業者数が増加し続けるが，この増加を80年時には12％にまで減少した第一次産業就業者からの労働力移動でもって説明することはもはやできない。

第2-5図は宮田村の普通世帯数の推移を見たものである。これによれば，1970年時では農林就業者世帯ないし農林・非農林就業者混合世帯が780世帯，57％を占めていたが，1985年には296世帯にまで減少，構成比率も14％にま

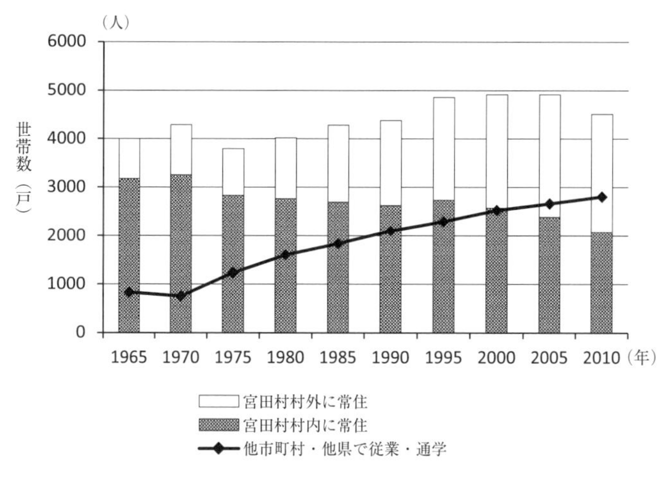

第2-6図　宮田村における従業地による就業者数の推移

（資料）各年『国勢調査』（総務省統計局）より作成。

で下がり，以後増加は見受けられない。対して非農林就業者世帯は1970年時で555世帯にすぎなかったが，1975年には1,199世帯にまで急増，以降も2005年まで増加し続けている。また従業地による就業者数の推移を見ると（**第2-6図**），宮田村村内に常住する就業者数は年々減少しているが，村外に常住する従業者は1980年代より年々増加しており，同時に宮田村村内に常住しながら他市町村・他県で従業する人口も1975年より逓増している。以上から，1980年代以降の当該地域における就業者数の増加は労働者世帯の増加と労働力移動の流動化・広域化によるものと結論付けられる。

こうした中，就業者の構成も特に女子について変化している。すなわち男子は1985年から2010年にかけ，製造業就業者が占める割合は50％台で推移しているのに対し，女子は製造業就業者の占める割合が53％と最も高かった1980年と比較し，2010年は28％にまで低下，代わって第３次産業就業者は24％から63％へと大幅に増加している。

以上，当該地域の農外産業と就業者数の推移を統計で見てきたが，少なくとも1980年代までは村内農家労働力が宮田村で展開する農外産業，特に第２

次産業の主要な労働力供給源として位置付いていたといえよう。では，農業から供給される労働力がいかなる賃金構造を形成したか，またその展開はいかなるものであったかが次節の課題となる。

3．賃金構造の展開

1）データ整理と「切り売り労賃」上限値の設定

本節では1975年から2009年にかけての４時点における農家調査データより，賃金構造の動態的な分析を行う中から，各年の地域労働市場の「型」を確定するとともに，当該地域における地域労働市場の構造転換の実証とその転換のメカニズムを明らかにする。

第2-2表は各年の調査対象となったN集落在住の農家から農家戸数，農外就業者数を男女別に示したものである。この間に一度でも調査対象となった農家総数は52戸であり，調査年によっていくつか入れ替わりがあるが[2)]，各年の調査対象農家戸数は42～45戸と大きくは変わらない。また男子農外就業者数を見ると，1975，83年は48名と１戸あたり1.12，1.07名であるが，2009年には29名（0.69名/戸）にまで減少している。他方で女子は1975年時での農外就業者数は27名（0.63名/戸）にとどまっていたが，1983年時にはこれが39名（0.87名/戸）にまで上昇する。つまり，前節で1970年から75年にかけ女子農家労働力の農外での労働力化が進展したことを示したわけだが，こうした労働力化は1983年時まで続いていることになる。しかし1993年には農外就業者数の増加は頭打ちし，2009年は男子と同様，28名（0.67名/戸）と大きく減少している。他方，2009年時は61歳以上の農外就業者数が男子で1993年時の４名（男子農外就業者の10％）から９名（同31％）に，女子で２名（女子農外就業者の５％）から６名（同21％）にまで増えている。つまり

2）入れ替わりがあるのは，調査対象がN集落に存在する４つの班のうち３つであり，年によって調査対象の班が異なるためである。1975，83年は同一の３班，1993，2009年は同一の３班である。

第2-2表　N集落における各年男女別農外就業者数と賃金データの存在状況

性別	年	調査対象農家戸数（戸）	農外就業者数（人）	うち賃金データが存在（人）	うち61歳以上（人）	61歳以上の占める割合	1戸あたり農外就業者数（人/戸）
男子	1975	43	46	37	3	7%	1.07
	1983	45	48	20	4	8%	1.07
	1993	44	41	39	4	10%	0.93
	2009	42	29	27	9	31%	0.69
女子	1975	43	27	11	0	0%	0.63
	1983	45	39	13	2	5%	0.87
	1993	44	39	34	3	8%	0.89
	2009	42	28	26	8	29%	0.67

（資料）各年N集落悉皆調査結果より作成。

近年は青壮年農外就業者が減少する一方で，男女とも61歳以上の農外就業者数が絶対的にも相対的にも増加しているのである。なお，各年の賃金データの存在状況は表示したように必ずしも就業者数と一致しないため，後述のようにこの点に注意しながら分析を行う。

続いて賃金構造であるが，約35年間に及ぶ長期的な分析につき，この間の物価変動の影響を除去するため，賃金は『消費者物価指数』（総務省統計局）でデフレートした値を用いた（2009年＝100）。また地域労働市場の「型」は「切り売り労賃」で就業する青壮年男子農家世帯員を層として検出できるか否かに規定されることから，以下のように「切り売り労賃」の規定を行った。従来の研究においては，「切り売り労賃」は対象地域におけるその時々の男子臨時雇賃金に反映するとされてきた。というのも臨時雇賃金は単純労働に対応する賃金であるが，農村工業化地域における単純労働力は農家世帯員の「切り売り」が大半を占めるという状況がかつて農村工業化地域において広く検出されたためである。ゆえに，こうした状況が一般に検出されるのであれば，臨時雇賃金は「兼業農家が負担すべき限界家計費コスト」（田代1984：p.205），すなわち農業所得との合算を前提にしているがゆえに低位な農家労働力の農外資本への供給価格によって規定されることになる。言い換えれば，臨時雇賃金の水準以下で就業する青壮年男子農家世帯員を層として検出できなければ，その地域の単純労働力が青壮年男子農家労働力の「切り

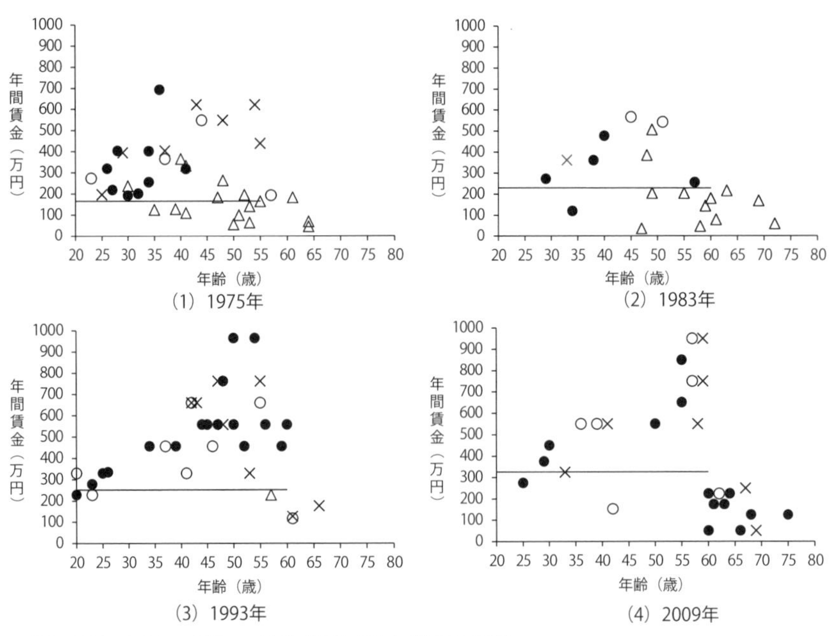

第2-7図　1975〜2009年N集落男子賃金構造の変遷

注：1）凡例：△土建業従事者・臨時就業者，○土建業を除く従業員規模3,300人以上（2013年現在）の私企業常勤者，●同600人以下，×公務員・団体職員。
　　2）聞き取りした際の賃金が日給の場合は，年間就業日数に日給をかけ，ボーナスや手当等を加算した値を用いた。
（資料）各年N集落悉皆調査データより作成。

売り」を主要な供給源としているとは言い難くなる。よって，以下の通り「切り売り労賃」の上限値を設定しながら賃金構造の分析を行うわけだが，実際に「切り売り労賃」としてとらえられるのか否かについては各年の賃金構造の分析から判断する必要がある。

また何を単純労働と見なすかが問題となるが，男子の単純労働に相当する就業先としては建設業の軽作業員が代表的である。よって各調査年の『屋外労働者職種別賃金調査』（労働大臣官房統計情報部・政策調査部，以下，『屋賃』と略称）より得た長野県男子軽作業賃金（日給）に年間就業日数280日をかけ，年収換算した値をデフレートしたものを「切り売り労賃」の上限値

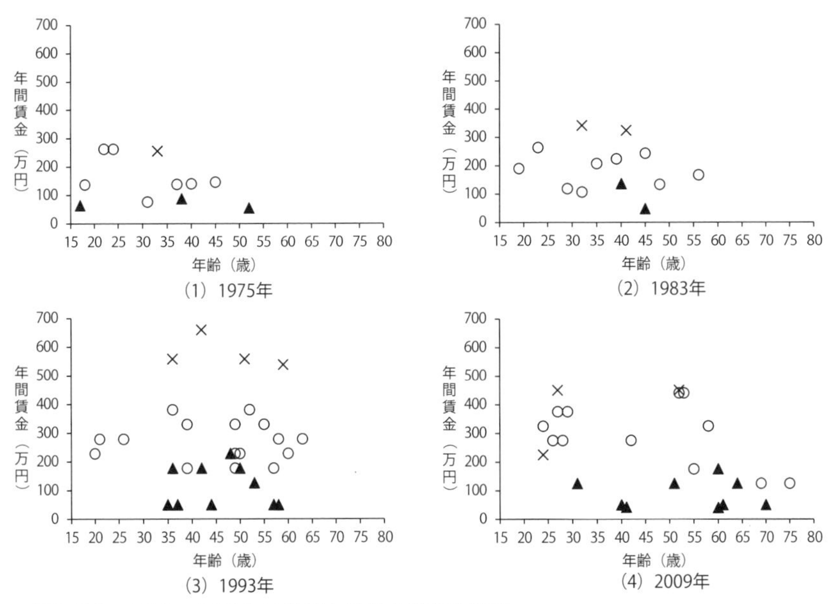

第2-8図　1975～2009年Ｎ集落女子賃金構造の変遷

注：１）凡例：×公務員，団体職員，○私企業常勤者，▲パートタイマー。
　　２）聞き取りした際の賃金が日給の場合は，年間就業日数に日給をかけ，ボーナスや手当等を加算した値を用いた。
（資料）各年N集落悉皆調査データより作成。

とした（ただし『屋賃』は2004年度版を最後に出版されていないため，2009年については2004年度版を参照した）。この額は1975年177万円，83年224万円，93年267万円，2009年334万円である（日給は6,327円，7,857円，9,523円，11,940円）。なお，**第2-7図**，**第2-8図**の賃金構造は年収で示しているため，日給の差異とともに年間就業日数の相違も反映する。よって，賃金水準に差が出てくる要因が日給水準によるものか，年間の就業日数に起因するものかはその都度注意を払う必要がある。

２）男子賃金構造の展開

それでは男子の賃金構造の分析に入ろう（**第2-7図**）。農家の就業先の類型としては，土建業従事者，土建業を除く従業員規模3,300人以上（2013年現在）の私企業への従業者（以下，大企業従業者），同600人以下の私企業への従業者（以下，中小企業従業者），公務員・団体職員（以下，公務員）とした。また以下では大企業従業者と中小企業従業者を併せて私企業従業者と呼称する。なお，**第2-7図**に示した直線は上に規定した「切り売り労賃」の上限値を示している。

（1）1975年

1975年時は48名の男子農家世帯員が農外就業に従事しており，うち賃金データが存在するのは39名である[3)]。賃金の判明している男子農家世帯員中，「切り売り労賃」水準で農外就業に従事する男子農家世帯員は14名である。ここから高齢者（当時は55歳定年制であったため，56歳以上）３名を除外すると，残りは11名となり，全員土建業従事者であるとともに男子青壮年農外就業者全体の25％を占めている。続いて彼らの日給水準を見ると，11名中７名は75年『屋賃』の男子軽作業賃金6,327円を下回っている。よって，彼らの過半数は就業日数の少なさ以前に，日給水準の低位性ゆえに「切り売り労賃」にある，ということになる。以上，1975年当時の地域労働市場は「切り売り労賃」層が検出される点からして「東北型地域労働市場」にあるといえよう。

またこの点以外に，世代によって就業構造が大きく異なる点も指摘できる。45歳以上，つまり1930年以前に生まれた男子農家世帯員は土建業を中心に「切り売り労賃」で就業する者と，年収500万円以上の公務員とで賃金格差が見られるのに対し，1930年以降に生まれた世代は土建業かつ「切り売り労賃」で就業する者は３名にすぎず，これ以外は私企業従業者で構成されており，またいずれも常勤である。とはいえ中小企業従業者の中には３名，30歳代にもかかわらず「切り売り労賃」の上限値ないし新卒初任給に近い255万円以下の者が検出される。彼らはいずれも基幹的農業従事者から20歳代中盤

3）なお，賃金データが存在しない男子農家世帯員の就業先の内訳は公務員２名，土建業従事者１名，大企業従業者２名，中小企業従業者４名である。

に私企業に中途採用され常勤化しているが，その賃金が臨時雇賃金の年収換算に近接しているのは，彼らの労働力が年功を積んでいない単純労働として扱われることによるといえよう。そうはいっても，この３名のうち１名は1983年時で年収361万円，もう１名は1993年時で500～600万円以上であると回答しており，８年後には「年功」に伴う賃金の上昇が確認できるわけだが，就職した当時は中小企業従業者が40歳以上から検出されなかったこともあり，彼らは「年功」に伴い賃金が上昇する見通しを立てることができなかったと考えられる。また逆に，土建業従事者からも年収が「切り売り労賃」上限値を上回るケースが５名検出されることから，当時，土建業以外の私企業へ常勤者として中途採用されることは，就業条件の好転を意味していたわけではなかったといえよう。

(2) 1983年

次に1983年時は48名の男子農家世帯員が農外就業に従事しており，うち20名について賃金が判明している。このうち「切り売り労賃」で就業していることを確認できるのは11名であるが，ここから定年を60歳として61歳以上の４名を除外すると７名となる。この７名のうち，１名は中小企業従業者かつ臨時就業者であるが，彼は障害から通常の就業に困難が伴うので，例外とする。またこの７名とは別に，賃金の判明していない青壮年の土建業従事者が３名存在する。ここでこの障害者１名と賃金不明の土建業従事者３名が「切り売り労賃」で就業していたと仮定すれば，「切り売り労賃」で農外就業に従事する青壮年男子農家世帯員は23％（10名/44名）を占め，一定数を認めることができる。ただしこの４名を除外し，さらに定年年齢を1975年時と同様55歳に設定すれば，「切り売り労賃」で就業する者は11％（４名/35名）にまで低下する。

次に「切り売り労賃」で就業する青壮年男子農家世帯員（60歳以下）のうち，1983年『屋賃』の男子軽作業賃金7,857円を上回る日給を得ているのは，賃金の判明している７名のうち１名のみであった。よって1975年時と同様，日給水準の低さから「切り売り労賃」にあるといえよう。また彼らは２名を除き1930年以前生まれである。こうした世代性は1975年時にも見られたが，この傾向はこの間「切り売り」を辞めた1930年以降生まれが２名存在することによっていっそう強調されている。すなわち１名は1978年より政党役員として農外で常勤化しており，１名は基幹的農業従事者となっているのである。

以上，「切り売り労賃」層の存在はなお認められる点，いまだに「東北型」であるといえるが，他方でこの層を主として構成していた1930年以前生まれの男子農家世帯員が高齢化すると同時に，これ以降に生まれた世代が「切り売り」を辞める中，層が薄くなりつつある状況もまた検出された。

(3) 1993年

1993年時の男子農外就業者数は41名である。1993年賃金構造が「近畿型地域労働市場」にあることは山崎（1996）によってすでに明らかにされているが，この点について今一度確認しておこう。青壮年のうち，1993年時の「切り売り労賃」を下回るのは20歳代前半の２名と50歳代後半の１名のみである。このうち，前者２名は正社員の私企業従業者であるため「年功賃金」の若年期にあたり，残る１名のみ日雇いの土建業従事者であるが，その日給は約15,000円と1993年『屋賃』の男子軽作業賃金9,523円を大きく上回っている。つまり彼は日給水準が低位であることから低賃金なのではなく，期間的就業であるがゆえに低賃金である。またこの間，1975，83年に「切り売り労賃」層を構成していた1930年以前に生まれた世代はほとんどが60歳を超え，農外就業をリタイアしている。すなわち彼らの高齢化に伴う地域労働市場からの退出と連動しながら「切り売り労賃」層が消滅し，同時にその大半が私企業従業者となり「年功賃金」が一般化する「近畿型地域労働市場」への構造転換が生じているのである。

とはいえ，「切り売り労賃」を上回る農外就業者内においても賃金差は存在する。特に40歳以上の青壮年男子農家世帯員で年収400万円に達していない者が２名検出されるが，彼らはいずれも中途採用者である（１名は先ほどの政党役員，１名はUターンののち農協に就職し，1993年時点で正規職員)。むろん中途採用者が必ずしも低位な賃金なわけではないが[4]，私企業従業者の中にも「切り売り労賃」水準は上回るものの，「年功賃金」にあるとは言い難い者が一定数検出されることは指摘できよう。

(4) 2009年

2009年時についても「近畿型」が維持されていることは山崎（2013）によって明らかにされている。とはいえ青壮年から３名，先に設定した「切り売り労賃」上限値以下で就業する者が検出される。うち２名は「年功賃金」の若年期にあたり，残る40歳代の１名は中途採用者である。彼は高校卒業後，地元の中小規模の製造業に新卒で正社員として就職し，課長職も務めていたが，2008年のリーマンショックに伴う労働条件の悪化に伴いこれを退職，09年調査時は契約社員に転職していた。09年時の年間就業日数は260日，１日の勤務時間は８時間と，「年功賃金」を形成する他の公務員・私企業従業者と同様，常勤的に農外就業に従事しているが，給与形態は時給で，年収も約200万円と臨時雇賃金の年収換算のそれというよりは，後述するさらに低位な2009年女子パートタイマーの賃金と同水準である。とはいえ，こうした低位な労働条件にあっても，2009年時の年間農業従事日数は60～99日にとどまる。そして仮に彼が農業所得を重要視していたとしても，このような青壮年男子農家世帯員はこの１名以外検出されない。以上から，2009年は08年のリーマンショック直後の調査ではあるが，失業や低賃金での再雇用といった不況の影響は青壮年農家世帯員から例外的にしか検出することができず，1993年時と同様，「切り売り労賃」層が検出されず，「年功賃金」が一般化する賃金構造にあるといえよう。

今一つ指摘しなければならないのは，高齢者の労働力化である。2009年時で農外就業に従事する61歳以上の男子農家世帯員は９名であり，男子農外就

4）たとえば婿入りをきっかけに1977年製薬会社に中途採用された１名は，93年時点で年収900万円以上となっている。

業者全体の31％を占めている。うち７名が常勤的就業者であるが，就業形態・就業日数にかかわらず，先に規定した「切り売り労賃」上限値以下で層を成している。むろん彼らは高齢であることから「切り売り労賃」の規定に当てはまらないのだが，彼らが新たな低賃金労働力として今日重要な位置を占めていることは確かであろう。

3）女子賃金構造の展開

次に女子農家世帯員の賃金構造について分析しよう（**第2-8図**）。就業形態の類型としては，公務員ないし団体職員，私企業常勤者，パートタイマー（以下，パート）とした。男子と同様，賃金は2009年＝100としてデフレートした値を用いた。

(1) 1975年

1975年時の女子農外就業者数は27名と，男子48名の半数程度である。就業形態としては公務員３名，私企業常勤者15名，パート９名と私企業常勤者が多い。まず指摘できるのは，女子農家世帯員の賃金構造から就業形態に対応した明確な階層性を見て取れないという点である。しかもその水準は男子と比較して全般的に低位である。賃金が判明している中で200万円以上で就業するのは私企業常勤者２名と公務員の１名のみで，かつ300万円に達する者は一人もおらず，これ以外は就業形態を問わず150万円以下である。先ほど見たように1975年当時の青壮年男子の私企業従業者は200万円以上であったことと比較すれば，常勤的に就業した場合，女子の方が男子の下限よりも低位な水準で層を成していることになる。また男子賃金構造には1930年生まれを境とした就業構造の差異が存在したが，女子からはこれを検出できなかった。よって当時の女子農家世帯員は，就業形態・世代にかわらず押しなべて低位な賃金水準で就業していたといえよう。

(2) 1983年

1983年は公務員４名，私企業常勤者26名，パート９名と，この間私企業常勤者が11名増加，女子全体の農外就業者数も39名に増加している。まず公務員のうち賃金がわかる２名について見ると，いずれも300万円以上となっており，1975年時の250万円よりも上昇している。対して私企業常勤者は100万円以上250万円以下の水準で就業しており，1975年と比較して上昇しているとは言い難く，また当時の男子私企業従業者の下限が200万円台後半であったことを考えれば，やはりこれより低位な水準で層を成していると考えなくてはならない。また賃金が判明しているパート２名の年間賃金は50万円と140万円であることから，１名は私企業常勤者より低位であるが１名はこれとほぼ同等の賃金である。さらに1975年と同様，やはり世代間で就業形態が異なる，あるいは賃金水準に差が生じているといった状況は検出されない。よって公務員のみで賃金の上昇が見られるものの，これ以外の青壮年女子農家世帯員は世代・年齢にかかわらず，なお男子私企業従業者の下限よりもさらに低位な賃金で就業していたのが1983年時の状況といえよう。

(3) 1993年

1993年では私企業常勤者は４名減少（22名）しているのに対し，パートが３名増加（12名）しているため，農外就業者数の合計は1983年とほぼ同数の38名である。まず注目されるのは，私企業常勤者の年収の下限が，200万円台にまで底上げされている点である。とはいえ，男子私企業従業者のような「年功賃金」は検出されないが，その上限も男子の下限である200万円台後半を大きく上回る400万円近い額まで上昇している。つまり，女子私企業常勤者が男子私企業従業者の下限よりさらに低賃金で層を成しているとは言い難くなっているのである。他方で，新たにパートが200万円以下で層を成しているが，彼女らは35歳以上で構成されている。山崎（1996）によれば，女子農家世帯員は常勤的な就業先を子育てによって一度退職し，子育てを終えた30歳代中ごろにパートとして労働市場に復帰する者が多く，数年を経た後に常勤化するケースが多いとしている。つまり就業形態に応じた賃金格差それ自体は存在するものの，パートと私企業常勤者との関係性は当時流動的であったといえよう。そして公務員については，唯一男子に比肩する「年功賃金」にある（35歳以上で500万円以上）。以上，公務員・私企業常勤者・パートという3層構造が4時点間で最も明確に見て取れるのが1993年女子賃金構造の特徴である。

（4）2009年

2009年時は公務員3名，私企業常勤者13名と，私企業常勤者がさらに9名減少する一方で，パートは1993年時と同数の12名であった。よって相対的にパートが厚みを増す一方で，農外就業者数は28名と1993年時よりも大幅に減少している。次に青壮年女子農家世帯員の賃金水準を見ると，1名を除く私企業常勤者の年収は250万円以上と1993年以上に上昇している。とはいえ上限は400万円台となっており，1993年時女子公務員や男子私企業従業者と同様の水準にあるわけではなく，また「年功賃金」も見受けられない。さらに35歳以降，この形態で就業する青壮年女子農家世帯員は5名で，1993年の15名よりも大幅に減少している。つまり1993年時に山崎（1996）の指摘したパートから常勤者への移行は2009年時でマイナー化し，パートの雇用形態が固定化されている可能性が窺えるのである。そしてパートの賃金水準は1名を除き200万円以下と1993年時と同様に低位である。

また，1993年時は公務員が私企業常勤者と別に層を成していたが，2009年時は両者に明確な階層性を見て取れない。これは2009年時に検出される公務員は1名を除き30歳未満であるため「年功賃金」の若年期にあたること，新卒の女子私企業常勤者の若年期（30歳未満）の賃金水準が上昇していること（1993年時200万円～300万円→2009年時250万円～400万円）が大きいと考えられる[5)]。

5）むろん女子唯一の「年功賃金」であった公務員さえも低賃金化している可能性も否めないわけだが，判断は保留する。

なお，男子と同じく61歳以上の高齢者が労働力化しており，全年齢の女子農外就業者に占める割合も21％を占めているが，その賃金水準は就業形態によらず青壮年女子パートと変わらない。

４）小括

以上，1975年から2009年の約35年間にわたるN集落賃金構造の展開を男女別に分析したわけだが，男子農家世帯員の賃金構造分析から明らかとなったのは，1930年生まれを境に就業形態が大きく異なっていたという点である。すなわち「切り売り労賃」層はこれ以前に生まれた土建業従事者によって主として構成される一方，以降に生まれた世代は（基幹的農業従事者からの中途採用者含め）建設業以外の私企業で常勤化していた。そして後者の賃金は「年功賃金」に一般化する一方で，前者が高齢化に伴い地域労働市場から退出した1980年代後半～90年代前半，地域労働市場の「型」が「東北型」から「近畿型」へ転換したのである。

このことから，次の点も指摘することができる。すなわち，少なくとも1983年時まで宮田村の男子単純労働力は当該地域の男子農家世帯員が主たる供給源となっており，ゆえに単純労働賃金は，農業所得との合算を前提とした「切り売り労賃」であった，ということである。よって当時私企業従業者として常勤的農外就業を開始した場合，その初任給は単純労働賃金の年収換算，すなわち「切り売り労賃」の年収換算に相当する額となるため，世帯の労働力再生産費としては不十分な賃金水準であったと推察される[6)]。このよ

６）田代（1985）は「切り売り労賃」は単身者賃金ではなく，限界生計費水準に相当するとしている。ここでいう単身者賃金は成人１人あたりの労働力再生産費に相当するものと考えられるが，対して限界生計費は労働１日を「切り売り」するのに要する再生産費の増加分であるとしている。そのためここで形成される青壮年男子農家世帯員の１労働日あたりの限界生計費は，一般的標準的賃金（世帯の労働力再生産費）を１労働日あたりに換算した額よりも低位なのはもちろんのこと，単身者賃金のそれよりも低位となりうると考えられる。

うに解釈すれば，男子農家世帯員から1930年生まれを境とした就業形態差を有する重層的格差構造が形成された理由も説明可能である。すなわち，親世代が健在な若年者はともかく，中高年者が新たに農外就業を開始する際は，私企業に常勤者として中途採用されるよりも，さしあたって農業を続けながら労働力を「切り売り」する就業形態を取るケースが多かったのである。

次に女子農家世帯員の賃金構造分析から，1975年から2009年にかけ，一貫して青壮年男子のような「年功賃金」が公務員を除き検出されない点が明らかとなった。これは女子の賃金は男子の家計補充的な位置付けにあること，女子は子育てに伴い地域労働市場から退出するため継続的な勤続が難しく，「年功」を積めないことがその背景にあるといえよう。しかしながら，転換前後では次のような違いも存在した。すなわち「東北型」にある1975，83年時は青壮年女子農家世帯員の農外就業者は私企業常勤者が大半であり，彼女らは男子私企業従業者の下限よりもさらに低位な水準で層を成していたが，他方で「近畿型」への転換後である1993年以降は全体的に賃金が底上げされ，男子の下限よりさらに低賃金で層を成す，とは言い難くなっていたのである。

では，なぜ女子私企業常勤者の賃金水準が転換前後で異なるのか。ここで1970年代前半は，オイルショックに伴う農外産業側での失業の発生[7)]とともに，前節で見たような基盤整備事業・機械化に伴う農業からの労働力供給が存在していたことを踏まえれば，こうした過剰人口圧が女子全体の賃金を押し下げていた，と説明できる。そして，こうした労働力供給が1980年代中盤以降には停滞し，過剰人口圧が弱まるのに伴い，彼女らの賃金が上昇したといえよう。とはいえ，転換後も女子パートが女子私企業常勤者よりも低位な水準で層を形成しており，また年々その比重が高まっている点も明らかと

7）栗原（1982）は，上伊那郡における女子労働力の大半は女子農家世帯員であると指摘していることを踏まえれば，オイルショックの際に解雇された者の中には女子農家世帯員が相当数含まれていた可能性がある。にもかかわらず第１次産業就業人口が減少していることから，彼女らは家事従事者としてカウントされていた可能性がある。

なった。これは女子をできるだけ低賃金かつ不安定な雇用形態のままで雇用し続ける必要性が農外産業の側に生じていることを反映しているわけだが，その理由については次節で考察を行う。

４．地域労働市場の構造転換と農外産業への影響

以上，地域労働市場の展開を分析したわけだが，「東北型」の時期の男子の低賃金を労働力再生産費（労働力の価値）で，女子の低賃金を過剰人口圧（労働力の需給バランス）で説明するのは一貫していないのではないか，という誹りがあるかもしれない。ここで，改めて農家世帯の労働力再生産費と過剰人口圧との連関から，特殊農村的低賃金の形成メカニズムを考察しよう。

農家世帯から供給される労働力と過剰人口との関係に着目した美崎（1979）によれば，現代日本資本主義においては，相対的過剰人口は次のような現代的な形態を取るとしている。すなわち，独占資本の下での生産過程の技術的変革が，すでに存在する労働者階級の一部を過剰ならしめ，このことにより農家労働力は農外に押し出されることもないまま自家農業内で実質的に過剰人口へと転化する。言い換えれば農家は「過剰人口の隠れ家」として位置付くことになるが，大企業から農薬，肥料などが供給されるとともに，農業用機械などが国家を後ろ盾としながら導入され，さらに作付規制までが行われることで，こうした「隠れ家」は破壊され，農家労働力は農外へと押し出される。こうした一連の政策を美崎は「積極的労働力政策」と称しながら，「国家独占資本主義機構のつくり出す相対的過剰人口の動員形態である」（p.54）と規定している。農家労働力を相対的過剰人口として位置付けるか

８）山崎（2010）は農業から農外への労働力移動を，相対的過剰人口の現代的な形成形態ではなく，資本制社会確立後に継続する本源的蓄積過程の１つとして解釈している。

９）田代（1985）は全国的に1970年ごろを境に１人あたり家計費の格差は農家世帯が都市勤労者世帯を上回るに至ったことを明らかにしているが，これは農外所得と農業所得との合算で成立していると指摘している。

否かには議論の余地があるが[8)]，ともかくこうした美崎の主張は，国の事業の下での基盤整備事業やそれに伴う稲作機械の導入，減反政策の開始に伴う作付規制により農家労働力が大量に地域労働市場に流入した1970年代前半の宮田村の状況と一致している。

問題は，その結果として形成される具体的な地域労働市場構造である。宮田村N集落においては，1930年以前生まれの男子農家世帯員は完全に労働者化せず，自家農業部門を維持しながら農外へ労働力を「切り売り」していた。とはいえ，農外所得と世帯の農業所得との合算については，1世帯あたりの労働力再生産費を賄いうるものと考えられるのであり[9)]，ゆえに家計補充的な女子農家世帯員の賃金は，過剰人口圧が許す限り低位な水準に押し下げられる。またこうした労働力は，農業と結びついていることから地域流動性に乏しい。ゆえに1970年代前半の当該地域は，製造業がオートメーション化（＝資本の有機的構成の高度化）に伴い自ら作り出す相対的過剰人口とともに，農家から供給される過剰人口が加わることで，「特殊農村的」とでもいうべき非常に強い過剰人口圧が形成されたと考えられるのである。そして農外産業は，労働力再生産費の一部を農家の自営部門に転嫁することに加え，過剰人口圧で低下した低賃金労働力を利用することができることから，高利潤・高蓄積が可能となる。またこうした低賃金労働力を利用する形態が大量の下請け企業群が展開する「ピラミッド構造」であったわけだが（青野1982），その末端部分を成す下請け企業の中からも，高蓄積の下で形成される利潤の一部を最新技術の導入に用い，「年功賃金」を設けながら新卒労働力を雇用する企業が展開しえた，と説明できよう。

しかし，こうした「特殊農村的」な状況は，同時に「特殊歴史的」な過程でもあった。すなわち，特殊農村的低賃金を形成していた1930年以前生まれの男子農家世帯員が，高齢化に伴い地域労働市場から退出した1980年代後半から90年代前半，当該地域は青壮年男子については「年功賃金」が一般化した「近畿型地域労働市場」に転換し，また女子についても過剰人口圧が弱まった結果として，私企業常勤者の賃金が上昇していたのである。これに伴い，地域労働市場転換後，農業から供給される低賃金労働力をあてこんだ製造業の外延的な拡大は停滞することになる。先の**第2-3図**を改めて見ると，製造業と建設業の事業所数は1986年あたりまでは一貫して伸び続けていたが，これ以降は停滞・減少している[10)]。

他方，第３次産業の事業所数は引き続き増加し続けており，特に女子は1990年代以降製造業に代わりその就業者数が増加している（**第2-4図（2）**参照）。しかしN集落の調査から，1990年代以降は女子パートが新たに低賃金層を形成し，2009年時はさらにその相対的な比重が増大していた点を踏まえれば，第３次産業はこうした非正規雇用を中心としながら展開している可能性が高い。さらに2009年時点では非正規雇用者に高齢者が加わっており[11)]，また農家調査からは検出されないものの，上伊那地域では相当な規模の派遣労働者が形成されていることが指摘されている（山崎 2015a）。つまり，この地域においては，特殊農村的低賃金の消滅とともに，従来の「切り売り」とは異なる新たな低賃金不安定就業層が近年その比重を増しているのである。

５．結論

本章では山崎（1996）による地域労働市場構造の地帯区分のうち，中間的地方の東山に属する長野県宮田村の過去35年間にわたる集落悉皆調査データより，地域労働市場の構造転換の実証とこれが起こるメカニズム，およびこの転換が農外産業に与える影響を明らかにすることを課題とした。ここから

10）1980年代は，日本全体としても対外直接投資が急増する時期である（山崎 2010）。後述のように，宮田村に限らず中間的地域に該当する農村部の多くがこの時期地域労働市場の構造転換，すなわち農業と結びついた低賃金労働力の枯渇に至ったとすれば，農外資本にとっては海外のさらなる遠隔地にこれを求めざるをえなくなった時期となる。

11）なお，男子高齢者の就業先はサービス業６名，製造業１名，団体２名であり，男子についても高齢者の再雇用という形で第３次産業就業者数が増加していることになる。

明らかとなったのは，農村工業化と基盤整備事業・機械化を通じた農業の合理化政策を背景としつつ，農家労働力が世代差・性差を有する賃金格差を形成しながら農外産業へと重層的に包摂されていたということである。そして，こうした重層構造は農業との連関の中から形成されていたこともまた明らかとなった。すなわち地域労働市場が「東北型」にあるうちは，男子私企業従業者として中途採用された場合の年収は，常勤でもせいぜい「切り売り労賃」の年収換算に相当する額であり，ゆえに，それのみで労働力再生産費を賄うのには不十分であったと考えられるのである。そして，これが農村工業化当時，すでに基幹的農業従事者として自家農業に就農していた1930年以前生まれの男子農家世帯員が，完全に労働者へと転化することを阻んでいたと結論付けた。結果，彼らのほとんどは農業と「切り売り」との合算で生計を立てることを選択していたわけだが，ほかならず，このことが当該地域の臨時雇賃金を「切り売り労賃」たるものとして押し下げていたといえよう。他方，女子農家労働力は基盤整備事業と農業の機械化に伴い大量に地域労働市場へと流入し，同時期に起こったオイルショックに伴い形成された失業者もあいまって非常に強い過剰人口圧が形成されたことから，1970年代前半から80年代前半まで年齢や就業形態にかかわらず，低位な賃金で就業せざるをえなかったことが明らかとなった。

そして，こうした農業と結びついた低賃金労働力が高齢化に伴い地域労働市場から退出する1980年代後半～90年代前半，地域労働市場構造は「切り売り労賃」層が検出される「東北型」から，青壮年男子農家世帯員については「年功賃金」が一般化する「近畿型」へと転換し，これに伴い上述した農業と結びついた低賃金は検出されなくなった。また女子の私企業常勤者の賃金も底上げされていたが，他方で村内の製造業事業所数・就業者数の伸びは停滞・減少し，代わって第３次産業がその比重を増す形で産業構造が変化していた。

ところで，本章の分析は一地域を対象とした実証分析であるが，山本（2004）が群馬県玉村町の事例からこうした構造転換の可能性を示唆していたことからもわかるように，中間的諸地域に類型された他の地域においても同様の転換が生じていた可能性がある。そして本章で明らかにしたこの転換は，一方で農業と結びついた低賃金労働力層の消滅ではあったが，他方では農業と結びつかない，言い換えれば労働者階級内で形成される低賃金不安定就業者層拡大の本格化でもあった。

とはいえ，今日新たに形成されている非正規雇用者は，農業と結びついた低賃金労働力ではないことから，最低限の労働力再生産費を農外資本ないし国家が全面的に負担する必要がある。また，かつてのように農業から労働力を「動員」することで過剰人口圧を形成し，賃金を押し下げることも困難である。ゆえに農業からの労働力供給が途絶えた1980年代以降は，それ以前と比べ，農外産業の資本蓄積率は低下せざるをえない。そしてさらに踏み込んでこの点を考察するとすれば，次のような仮定も成り立つだろう。すなわち「年功賃金」制をはじめとしたいわゆる日本型雇用は，農業と結びついた低賃金労働力供給とそれを前提とした農外資本にとっての高蓄積のもと，1990年代にかけ青壮年男子労働力について一般化したが，一般化と同時に高蓄積の基底部分を失ったこととなり，年々これを一般化することも困難となりつつあるという可能性である。ただしこの点についてはより慎重に分析を進める必要があるため，今後の課題としたい。

第３章　2019年調査に見る宮田村の地域労働市場

１．課題

本章の課題は，長野県宮田村N集落を対象とした集落調査[1)]によって，2009年調査時から2019年調査時にかけての，地域労働市場構造の変化を明らかにすることである。

先に，ここで分析の際に枠組みとする先行研究について説明する。

山崎（1996）は，1980年代後半から90年代初頭を対象として，農村地域の地域労働市場について，青壮年男子の農家世帯員のうちに「切り売り労賃」[2)]層が検出されない「近畿型地域労働市場」と，検出される「東北型地域労働市場」との対抗を提起した。そして，統計的に把握できる農業構造が，「近畿型」においては，上層の成長が微弱で下層を中心とする下降的分解が支配的な「落層的分化」の傾向を示すこと，対する「東北型」では，比較的順調な「両極分化進展」の傾向を示すことを明らかにしている。また，「東北型」地帯と「近畿型」地帯との関係を，同一の発展方向における後進型と先進型の関係である可能性を示唆している。

同書は，「近畿型地域労働市場」地域の事例として，長野県上伊那郡宮田村N集落の1994年調査を分析している。これに続いて2009年に同対象地を調査・分析したのが，山崎（2015a）である。分析によれば，対象地では，

１）ここでの「集落調査」とは，農村集落に属する多数の農家世帯を対象とすることで，集落の農業構造やそこに属する世帯員の属性を把握するための調査である。調査対象は，集落内の全農家世帯，あるいは，農家の性質に偏りが出ないように選ばれた集落内の特定区域に属する農家世帯である。

２）切り売り労賃とは，農工不均等発展が示す「労働市場における労賃の重層的な格差構造」における最底辺の労賃水準を指す（磯辺 1985：p.35）。

1994年から引き続いて，青壮年男子の「切り売り労賃」は例外的にしか確認されず，こうした地域労働市場のもとで，後継者を得られない上層的性格の農家層が規模縮小傾向にあった。このため2009年対象地においては，基本的に「近畿型」地域としての性格が維持されていたとされている。

ところで，2009年調査以降の地域労働市場研究においては，山崎（1996）が提起した「近畿型」と「東北型」との対抗が，その後の時代の推移の中でそのままの形では維持されていないことが示唆されている。山崎・氷見（2019）および氷見（2020a）は，宮田村と同じく上伊那郡に位置し，宮田村と類似した地域労働市場構造のもとにあると考えられる中川村を2017年に調査・分析している。これらの論考は，比較的最近まで「近畿型」であったと考えられる中川村において，青壮年男子の単純労働賃金が層として確認できるようになったことを指摘し，これを「近畿型の崩れ」と表現している。また「東北型」地域においても「切り売り労賃」的な農外就業が例外的なものとなっている点を指摘し，これらをあわせて，日本国内における地域労働市場構造の「収斂化」としている。ただしこうした中川村の状況を2009年宮田村と比較したとき，どこまでが「近畿型」の時間的経過を示したものであるのか，どこまでが調査地の特性であるのかが明らかでないため，近年の「近畿型」の変化は「仮説的な認識にとどまる」（山崎・氷見 2019：p.15）ものとしていた。このため，継時的な分析が可能な地域を対象として，「近畿型」地域の変質を明らかにする必要があった。

以上よりここでは，こうした先行研究の示す視角を踏まえたうえで，歴史的な研究蓄積のある宮田村を対象地として，地域労働市場を分析する。これによって，近年の「雇用劣化」情勢下の「近畿型」地域において，地域労働市場に内在する論理を明らかにすることを課題とする。具体的には，前回の2009年宮田村調査から，今回新たに行った2019年宮田村調査までの10年間の変化を主に扱う。その際，特に先行研究で指摘された「近畿型の崩れ」が確認できるのかという視角を踏まえつつ，この間の地域労働市場の変化を明らかにする。

2．研究方法

研究方法は，2009年８～９月および2019年９月に長野県上伊那郡宮田村N集落を対象として行った農家への聞き取り調査結果の分析による。対象期間は前回の2009年調査から今回新たに行った2019年調査までの10年間とする。

分析の対象地である長野県上伊那郡宮田村のN集落は４班からなる。2019年調査は，N集落全４班に属し農業経営を行っているかまたは所有農地のある全60戸のうち，データの得られた52戸を分析対象とした。ここでは2019年における経営耕地面積が大きい順に対象世帯を１番から52番までナンバリングして，この世帯番号で呼称することにする（**第3-1表**を参照）。

また，2009年調査は山崎（2015a，b）の調査の一次資料を著者の許諾を得て利用している。こちらはN集落の４班のうち３班に属する42戸に対して聞き取り調査を実施したものであり，うち2019年調査と同一の世帯は38戸である[3)]。

3．2009年から2019年の地域労働市場

本節では，対象地における2019年の賃金構造を分析し，2009年からの変化を明らかにする。

まず，比較対象となる2009年調査データから，対象世帯の被雇用者について，男女別に年齢と税込年間賃金収入を図示したものがそれぞれ**第3-1図**の

3）2019年調査では，３班のうち2009年には調査ができなかった２戸，および残る１班の12戸の計14戸を新たに調査対象とした。また，2009年対象世帯のうち今回分析対象にできなかった４戸については，１戸（09年の31番）は高齢のための他出，２戸（09年の36，38番）は調査拒否により調査ができず，１戸（09年６番）は十分なデータが得られなかったため分析から除外している。また2019年に新たに調査対象とした１班には，16戸が属し，うち４戸では調査拒否または連絡不通のため，データが得られなかった。

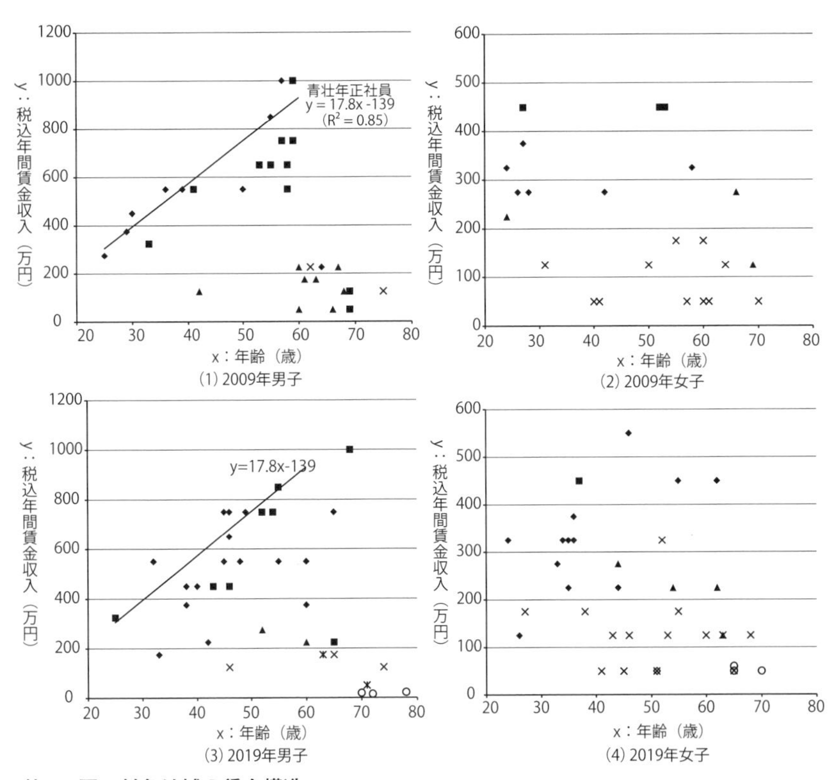

第3-1図　対象地域の賃金構造

注：１）税込年間賃金収入は，13階層から選択させたうえで，各階層の中央値を図示した。最高階層は900万円以上で，これを1000万円とした。最低階層は100万円未満で，これを50万円とした。賃金は前年1年間（2008年または2018年）の実態である。

２）雇用形態は，「正社員」，「公務員・団体職員」，「パート・アルバイト」，「契約社員」，「派遣社員」，「臨時就業」，「その他」（業務委託契約）に区分した。

３）雇用形態は，◆：正社員，■：公務員・団体職員，▲：契約社員，×：パート・アルバイト，＊：派遣社員，○：臨時就業，◇：業務委託契約。それぞれの定義は本文参照。

４）第3-1(1)図の近似直線は，2009年の青壮年（60歳未満）正社員８名について，最小二乗法によって求めた（$y=17.8x-139$, $t=5.73$, $p<0.05$, $R^2=0.85$）。第3-1(3)図の直線は比較のため，これを写したものである。

（資料）第3-1(1)(2)図は2009年宮田村N集落の42戸，第3-1(3)(4)図は2019年宮田村N集落の農家52戸に対する調査より作成。

第 3-1 表　対象世帯の農業経営と世帯員の就業状況

区分	19 年番号	09 年番号	09 年区分	2019 年農地（a）					2009 年農地（a）			増減（a）
				経営耕地	借地	貸付地	休耕地	水稲以外	経営耕地	借地	貸付地	
上層	1	19	中	445	320	25		果樹園 290a	58	0	0	387
	2	-	-	310	240	0			-	-	-	-
	3	2	上	298	298	0		果樹園 287a	210	210	0	88
	4	-	-	253	181	0			-	-	-	-
	5	13	中	219	160	0			81	20	2	138
	6	1	上	181	62	60			735	535	35	-554
	7	-	-	177	31	0		花卉 59a	-	-	-	-
	8	3	上	174	147	0			199	164	0	-25
中間層	9	4	中	172	16	24			172	15	24	0
	10	9	中	160	160	0		果樹園 135a	134	134	0	26
	11	7	中	154	0	0			149	0	0	5
	12	-	-	120	63	17			-	-	-	-
	13	8	中	112	0	26			139	9	23	-27
	14	-	-	109	0	0			-	-	-	-
	15	14	中	109	0	50			80	0	0	29
	16	20	中	83	13	13			52	0	24	31
	17	17	中	82	27	10			72	27	0	10
	18	-	-	80	18	13			-	-	-	-
	19	15	中	77	16	0			80	3	0	-3
	20	18	中	70	0	0			67	0	0	3
	21	11	中	67	0	0			94	46	27	-27
	22	-	-	56	0	28			-	-	-	-
	23	28	零	54	27	173			22	0	200	32
	24	16	中	52	0	30			75	12	20	-23
	25	22	中	45	0	23	8		48	0	0	-3
	26	-	-	44	20	50			-	-	-	-
	27	21	中	43	0	0			51	0	0	-8
	28	12	中	41	0	43			91	0	30	-50
	29	23	中	40	1	40		普通畑 40a	43	1	0	-3
	30	24	零	40	0	20			29	0	20	11
	31	26	零	34	0	69			23	0	59	11
	32	-	-	33	0	0	100		-	-	-	-
	33	-	-	33	0	0			-	-	-	-
	34	29	零	31	17	0			19	17	97	12
零細・非農家層	35	5	中	24	20	217			157	50	25	-133
	36	41	零	22	0	25			1	0	6	21
	37	33	零	19	0	150			11	0	136	8
	38	34	零	16	0	51			7	0	50	9
	39	25	零	15	0	40			25	0	38	-10
	40	30	零	12	0	130			19	0	124	-7
	41	40	零	10	0	30			3	0	17	7
	42	27	零	10	2	139			23	0	120	-13
	43	-	-	10	0	80			-	-	-	-
	44	-	-	7	0	120			-	-	-	-
	45	35	零	6	0	10			7	0	20	-1
	46	10	中	6	0	101			99	20	0	-93
	47	37	零	5	0	89			5	0	89	0
	48	42	零	0	0	75	8		0	0	70	0
	49	32	零	0	0	0	10		14	0	110	-14
	50	39	零	0	0	50			5	5	50	-5
	51	-	-	0	0	75			-	-	-	-
	52	-	-	0	0	30			-	-	-	-

注：1）2019 年調査時，2009 年調査時における経営耕地面積が大きい順に 2019 年農家番号を付した。2009 年農家番号は山崎（2015a，b）による。
2）農家階層の「区分」については本文を参照。
3）「水稲以外」欄には，水稲以外の作付が 30a 以上ある場合，その作目と耕地面積を示した。
4）世帯員欄の記号は，左から年齢・農業従事日数・農外就業先の雇用形態を示す。記号は以下の通り。
A：農業従事日数 200 日以上，B:199～100 日，C：99～30 日，D：30 日未満，E：農業従事なし。常勤者については，自：自営業役員，公：公務員・団体職員，正：正社員，パ：パート・アルバイト，派：派遣社員，契：契約社員（嘱託含む）。臨時就業は「臨」。雇用形態不明は「不」。

2019年世帯員		2009年世帯員		委託利用率
男子	女子	男子	女子	
66E，31A	60D，27Dパ	83B,57C公	50Dパ,26E正	100
46Cパ	46Dパ，96E	-	-	33
44A	43A	34A	33A	67
71A派	69A	-	-	59
68C自，32D自	62D正，36D正	58C公	52D公,27D公	31
79C，46D公	77E，45Dパ	69B公	67B,91E	31
54A，80A	54A，78A	-	-	100
52C契	51D他，85C	42C契	41Eパ,75C	33
78B臨，43D公	72C，44D契	68C契,33D公	62C	29
72A	59A	62A	49A	-
79B，53D自	78B	69C公	68C	100
78D，48D正，45E正	76D，43Eパ	-	-	100
65D公，32E正，92E	63Dパ，89E	55D公,25D正,82B	53D公,79C	100
60D正	55D正，24D正，82E	-	-	100
102C，70B臨	68Dパ	92E,60C契,29E正	85E,58C正	100
52C公	51Dパ，75B	41D公	40Eパ	100
60C契	62D契，33E正，91E	50C正,81C	52D正,23E,81C	100
77A，45C正	76E，46D正	-	-	100
72C臨，45D正	71D，46E	62Cパ	61Dパ,31Eパ,82D	100
46B正，74Dパ	46D，74D	64D正,36D正	64Dパ,36D	88
81C	80D	70B	69D契	100
68D公，38E正	65D臨，35E正	-	-	96
69B，36E自	68D，96E，35E正	59C公	58D,28E正,24E契,86D	108
73C，46E正	71E，44E正	63C	61D,92E	100
67B，33E正	67C，94E，38Eパ	57C正	57Dパ,84E	100
66A	65Dパ	-	-	100
55C正，25E公	54D，84B，26E正	74E,45不D	74D,45不D	100
76C	75C	66B	65C	100
87E	82C	77E	73B	-
69D	70C臨，94E	88E,59E公	84E,60Cパ	67
65D正，40D正	65D臨，36E正	55B正,30D正	55Dパ,27D正,84D	38
82D自	78E	-	-	89
82B，42C正	70C	-	-	67
71Cパ	49D	61C契	38D,87C	18
84A，54D公	82A，53Dパ	73A	71A	100
63D派	60Dパ，89D	53D公	50Dパ,79E	100
74B，38B正	71C，34E正	64B	61B,24E正	100
81C	75E	71C	65E	0
70E	70E	88B	83A	-
	84D	-	74D	-
49C正	41Eパ，83C	78C,39E正	74C,31E	-
69A	63D契，34E	58D公	52D公,24E	10
64C自，90E	54D契	-	-	100
84D，55D公	82D，52Eパ	-	-	-
86D自	84E	76C自	75E自,73E	-
50代D（単身赴任）	80B，52B	75Bパ	70Bパ	33
77D	72D	67B契	62D	0
	76A	-	66E契	-
65Eパ	95E	87A	85B	-
75E		66D契	-	-
60E正	55Eパ	-	-	-
72E		-	-	-

5）「委託利用率」は，水稲の作付けがある世帯について，以下の式によって算出した指標。
（作業委託利用率）＝（耕起・田植え・収穫の各作業委託面積の合計）÷3÷（水田の経営耕地面積）×100

（資料）2019年宮田村N集落の農家52戸，2009年宮田村N集落の38戸に対する調査より作成。

(1) と (2) である。これらの図は，山崎（2015a：p.77図3-3）を参考に作成している。同様にして2019年時の賃金構造図を男女別に示したものがそれぞれ**第3-1図**の (3) と (4) である。

ただし，山崎（2015a）は，被雇用者の分類を企業規模別で行っている。これは，当時の青壮年男子の雇用形態が主に正社員で占められており，賃金水準の格差構造が企業規模の差異をある程度反映しているためであった。しかし，近年では，伍賀（2014）などが指摘するように，非正規雇用者が増加し，青壮年男子についても雇用形態の多様化が確認される。こうした雇用形態の多様化は，近年の農家実態調査でも確認されており，しかもこうした雇用形態が雇用者の賃金水準や就業の安定性の格差構造を反映したものであることが指摘されている（氷見 2018，2020b）[4)]。本章では，こうした変化を受けて，雇用形態間の性格の差異を検出するため，被雇用者の分類を雇用形態別に行った。なお，2019年においても，企業規模による賃金格差は存在していると思われるが，当年調査において，企業名の回答が得られなかったケースが多く，企業規模に関する分析が困難であるため，これを省略する。

ここでは通年的な就業のある者のうち，雇用期間の定めがない私企業常勤者を「正社員」，雇用期間の定めがある私企業常勤者（嘱託含む）を「契約社員」，非常勤者（勤務時間がフルタイムでない者）を「パート・アルバイト」としている。対して非通年的な就業者を「臨時就業者」としている。また，正社員および公務員・団体職員を併せて正規雇用者，それ以外の者を非正規雇用者とする。

なお，聞き取った年間賃金収入は調査時の前年のものであるため，実際には**第3-1図** (1) ～ (4) は2008年および2018年についてのデータであるが，簡

4）全国の賃金構造の変化を，健康保険加入者の全数データを用いて分析した河野・齊藤（2016）は，2003年から2014年の分析期間内に，男子の賃金格差が増加傾向にあること，そして，この増加が，主に企業内格差の拡大に由来するものであることを指摘している。こうした研究からも，雇用形態が賃金・雇用条件の規定要因としての重要性を増しているものと言える。

便のため調査年時に表記を合わせる。

以下では男女ごとに最近10年間の賃金構造の変化を分析する。

1）男子

ここで，対象地における青壮年男子の相対的な低賃金水準が賃金構造においてどのような意味を持つのかを検討するため，単純労働賃金水準の設定を行う。

山崎（1996）および山崎（2015a）は，単純労働賃金の水準を『建築・港湾運送関係事業の賃金実態』における男子軽作業員の日当たりの平均現金給与額に就業日数280日をかけた額をもとに推定している。ただし『賃金実態』調査は2004年までで打ち切られており，このため山崎（2015a）は2009年の分析に2004年データを利用している。

とはいえ2019年の分析に16年前のデータをそのまま利用することは難しい。そこで，ここでは「ハローワークインターネットサービス」から得られる公共職業安定所の求人票データを利用する[5)]。山崎（1996）は，企業調査や公共職業安定所から得た土木農林雑務関係の求人票から得た賃金額が，上述の推計値とおおむね一致していることを確認している。このことから，業種・雇用形態ごとに給与額を示している求人票データは，単純労働者の賃金の実態を反映していると考えられる。2020年７月時点で，長野県内における「建

5）氷見（2020a）は，2016年の長野県中川村における単純労働賃金水準として，2004年版『賃金実態』における男子軽作業員賃金334万円を消費者物価指数でデフレートした数値343万円を用いている。これは，2004年から2016年にかけて一般的な男子の給与額がほとんど変化していないことから，この間の「賃金上昇の可能性は捨象できる」ことを前提とした操作である。本分析に当たってこの数値を適用した場合，343万円以下の青壮年男子は，後述の４名に加えて，年間賃金325万円の28番世帯25歳男子が存在する。ただし，彼は，役場勤務の常勤的な公務員であり，年功的な給与制度のもとで雇用されているため，後の昇給が期待できる。現在の賃金額はあくまで若年ゆえに比較的低位なだけであり，その年齢からすれば十分に年功的な複雑労働賃金の水準を満たすとみなすべきであろう。いずれにせよ，本章における単純労働賃金水準の該当者は後述の４名に限られる。

築・土木作業員」区分の求人票（正社員は除く）は20枚存在した。これら月当たり賃金額（日給の場合も月当たりでの表示がある）の平均値は228,505円（変動係数0.15）であった。年間では274万円となる。10％の幅を見て，ここでは300万円を今日の対象地における単純労働賃金の上限とする。

さて，**第3-1 (1) 図**は2009年の男子の賃金構造である。山崎（2015a）は，上述の推計から，2009年における単純労働賃金の上限を370万円としている。そして，50歳までの男子青壮年層には，370万円以下の単純労働者の層は検出しがたいことを指摘しつつ，賃金の「格差を伴う３層構造」が存在しているとしている。すなわち，①賃金上昇の上限が600万円程度に画されている者，②1,000万円に迫る者，③定年退職年齢を超えた単純労働者賃金の者，の３層である。青壮年男子について見れば，「切り売り労賃」層が確認されないことから，「近畿型」の特徴が維持されているものの，しかし他方ではその賃金水準に格差構造がみられることを2009年の特徴としていた。

以上を踏まえて，**第3-1 (3) 図**にみられる2019年時の状況を見ていく。19年時の男子は，被雇用者36名が対象である。この36名のうち，青壮年（ここでは一般的に定年による退職や雇用条件の変更が見られない60歳未満を指すとする）は22名が確認された。

(1) 公務員・団体職員

青壮年被雇用者22名のうち，公務員・団体職員グループの６名には，年齢と賃金の相関関係が見られる。公務員には一般に勤続による昇給が制度として認められていることからも，年功による賃金上昇の存在が示唆される。この点は，2009年の同グループにみられた特徴と共通である。

(2) 正社員グループ

正社員グループ14名については，2009年からその特徴に変化が見られた。

2009年での男子正社員には，若年ゆえに賃金が低いと考えられる１名を除けば，単純労働賃金水準の上限（370万円）を下回る者はいなかった。彼らは，年齢とともに賃金の上昇が確認される年功賃金体系のもとにあることが想定された。

2019年の正社員の賃金を2009年正社員賃金水準と比較するため，2009年の60歳以下正社員８名について，最小二乗法で近似直線を求めると，$y = 17.8x - 139$（$t = 5.73$，$p < 0.05$，$R^2 = 0.85$）である。年齢と賃金収入に相関がみられ，このことからも，彼らは年功的な賃金体系のもとにあると考えられる。また2009年時点での彼らには転職の経歴は確認されていない。

2019年の正社員グループ14名の賃金を，この近似直線と比較すると，14名中10名（71％）がこの水準を下回っている。もしも2009年時の正社員の賃金構造が維持されているのであれば，10年後にも平均的にはおおむねこれに沿った賃金が期待できるはずである。しかし，実際にはこの10年間で正社員の平均的な賃金水準に低下がみられるのであり，この結果からは，正社員という雇用形態の内実が変化している可能性が疑われる。

(3) 非正規雇用グループ

青壮年の非正規雇用者は2009年時点では，８番世帯の男子１名のみであったが，2019年には以下の２名が確認できる。

第１に，２番世帯の46歳男子は農業法人（H法人）にパート勤務しており，最近10年の異動はない。第２に，８番世帯の52歳男子は2008年のリーマンショック後の不況下で機械部品製造業を退職し，現在まで郵便局に契約社員で勤務している。

(4) 相対的な低賃金労働力の性格の検討

2019年における青壮年男子全員のうち，賃金が単純労働賃金水準の上限値である300万円を下回る者を確認すると，４名が存在している。うち２名は上述の非正規雇用者であり，ほかの２名は以下の正社員であった。

第１に，26番世帯の33歳男子は印刷会社の正社員であり，大学卒業以来勤務していた以前の勤め先から転職している。第２に，33番世帯の42歳男子は土木建築会社の正社員であり，以前の勤め先であった建設会社が破産したために2018年に転職している。

以上の４名の賃金額を2019年における単純労働賃金とみなすべきであろうか。非正規雇用グループに該当する２名は，一般的に昇給が期待できる雇用形態とは言えない。また正社員グループの２名を含めた４名は，**第3-1 (3) 図**の近似直線にあらわされる2009年における年功的な賃金水準を大きく下回っており，年功的賃金体系とは質的に異なった，単純労働賃金水準のもとにあるといえる。こうした単純労働賃金水準の被雇用者は，2009年時点では１名のみであり，「例外的に」見られたものであったが，2019年では，青壮年男子雇用者の18％（22名中４名）を占めており，一定の層として存在しているとみなせる。

ただし，こうした今日の対象地における青壮年男子の単純労働賃金は，同じく地域の賃金構造における相対的な低賃金であるとはいえ，山崎（1996）が「東北型地域労働市場」で確認した「切り売り労賃」とは，以下の点で質的に異なっていると考えられる。

第１に，かつての「切り売り労賃」は，賃金所得だけでは要求家計費を賄えないために自家農業と結びついたものであり，それゆえ地域の農業構造の兼業滞留をもたらすものであった。しかし，上記の４名を見ると，うち正社員グループの２名の世帯は自家農業への関与が希薄であり，主に農外所得のみによって家計費を維持している。また非正規雇用グループの２名については，後述のように農業所得が家計費充足の上で一定の役割を果たしており，彼らの農外就業の状態が自家農業の展開を促していると考えられる。しかしこの２名の農業従事日数はいずれも30～59日であって，常勤的勤務の休日での農業従事で対応できる範囲内である。山崎（1996）が指摘するような，追加で就業先の休暇の取得を要する，もしくは臨時的な就業日数に対応した農業従事[6]とは異なる。総じて彼らは，その自家農業への態度という点で

6）山崎（1996：p.151）は「東北型」にみられる農業生産の担い手の自家農業従事日数が70日から150日程度であることを指摘している。

「切り売り労賃」の農家世帯員とは異質である[7]。

第２に，それぞれの賃金水準の形成の基盤が異なっている。山崎（1996：pp.39-40）が「農家労働力を相対的過剰人口の主要供給源とする（中略）労働市場条件のもとでは，農家労働力による過剰人口圧力により，労働力商品の価格＝賃金が，農家における労働力再生産費のうち農外負担部分＝限界労働力再生産費に相当する水準に収斂してゆく」ため，「労働力の再生産費が労賃を規定する」と述べたように，かつての「切り売り労賃」とは農村の相対的過剰人口圧力を前提として成立していたものであった。しかし友田（2008）が指摘するように，1980年代以降は農家と結びついた地域労働市場の労働力供給余力が後退している。今日の対象地の賃金構造の最下層を，特殊農村的な低賃金労働力が規定しているとは考え難い。

以上からは，今日の対象地で確認された単純労働賃金は，農村過剰人口圧力と結びついた特殊農村的な「切り売り労賃」とは異なる性格のものであると言える[8]。

なお，正社員グループに関して言えば，2009年時の正社員男子は年功賃金制度の下で年齢とともに賃金の上昇が確認されるものであった。しかし今日の対象地においては，全体として年功的な賃金上昇も弱まりが見られるとともに，一部には単純労働賃金水準に相当する者が確認できるようになっていた。この２点から，雇用劣化の影響は男子正社員の雇用条件の悪化にも及んでいることを指摘できる。

７）氷見（2018）は，かつての「東北型」地域においても，今日の不安定就業者は，農作業の時間を確保することが難しく，必ずしも自家農業へと向かわない傾向を指摘している。

８）なお，相対的な低賃金が特殊農村的な性格を失ったと考えられる今日の対象地の分析において，本章が単純労働賃金水準との比較を行うのは，年功的な賃金水準からの乖離を指摘するためであり，農業との関係については，専業農家に期待される農業所得が相対的に有利になっていることを指摘するためである。

⑸ 60歳以上の被雇用者

最後に，高齢者（ここでは60歳以上とする）の男子について確認する。被雇用者に占める高齢者は，2009年には36％（12/30名），2019年では39％（14/36名）であった。

2009年において，農外就業のある高齢者の年間所得は最大でも200万円台前半であり，標準的な定年年齢である60歳を境として，賃金構造に明確な年齢差が見られた。また，60歳代前半では「年間年金受給額150万円を境にして変化が認められ」（山崎 2015a：p.83），農外就業がみられるのは年金受給額150万円以下の世帯主に限られていた。

2019年においては，年金受給開始年齢の引き上げに伴って高年齢者雇用安定法が施行され，2013年までに正規雇用者の雇用継続年齢も60歳から65歳へと引き上げられており，この影響による変化が確認できた。

2019年の高齢被雇用者のうち，年間賃金収入250万円を超える者は，14名中の４名であった。うち青壮年時からの雇用契約を継続している60歳の２名，村議会議員であって被雇用者ではない１名を除けば，従来の定年年齢を超えてなお年功的な賃金所得を得ているのは１名（31番世帯の65歳男子）に限られ，例外的な存在にとどまっている。2019年時においても基本的には，当該地域労働市場における高齢者は相対的な低賃金労働力として位置づいているといえるだろう。

またこの10年間で，年金受給開始年齢・雇用継続年齢の引き上げに伴う変化が予想される60～65歳に注目する。2009年には，この年齢層にあたる調査対象世帯員男子は９名が存在しており，うち農外就業のある者は６名（67％）であった。対して2019年においては，この年齢層に当たる調査対象世帯員男子は５名が存在した。うち４名は被雇用者であり，いずれも年金受給はなく，残る１名は自営業従事（64歳，年金受給あり）であった。調査対象の60歳代前半男子世帯員は５名すべてが農外就業に従事しており，対象地の実態としても高齢者の労働力化が進んでいることが確認された。

2）女子

山崎（2015a）によれば，2009年時の青壮年の女子被雇用者では，①公務員・団体職員賃金，②私企業常勤者賃金，③パート賃金という３層構造が確認された。また契約社員は20歳代の１名のみであった。ただし，こういった３層構造は，男子の賃金構造とは異なり，地域横断的に検出されてきたものであって，女子については対象地においても「切り売り労賃」層が検出されることから，「農家の女子の就業条件を改善するための客観的な条件が『近畿型』と言えども未だに成熟していない」（山崎 2015c：p.240）とされていた。

さて2019年時の女子被雇用者は，35名が対象であり，うち25名が青壮年である。この25名の内訳は，公務員１名，正社員が11名，契約社員２名，パート・アルバイトが10名，その他（業務委託契約）が１名である。

第3-1 (4) 図からは，非常勤的な就業者（パート・アルバイトおよび業務委託契約）が，200万円程度を上限とする相対的に低賃金な層として確認できる。他方で，これを上回る賃金水準にある正規雇用者（正社員と公務員）の層が確認できる。2019年においては公務員の者が１名に限られているため，公務員・団体職員賃金と私企業正規職員賃金との区別は明確でないものの，①正規雇用者賃金と②パート賃金という格差を伴った賃金構造そのものは，2019年においても確認できる。加えて，2019年においては２名ながら契約社員が存在し，常勤的な勤務であるが正規雇用者賃金とは格差の見られる，③非正規常勤者賃金が認められる。

一方で，青壮年女子労働者に占める正規雇用者の比率および労働力率は，各調査時点で年齢層による違いが見られた。**第3-1 (2) 図**からは，2009年において，おおよそ30歳以下の年齢層で被雇用者に占める正規雇用の割合が顕著に高いことが見て取れる。農外就業者に占める正規雇用者の割合は，30歳以下では83％（５名/６名）であり，31歳以上では46％（６名/13名）にとどまっている。対して **(4) 図**に示された2019年の賃金構造を見ると，農外就業者に占める正規雇用者の割合が顕著に高い年齢層がおおよそ40歳以下まで拡大していることが確認される。この割合は，40歳以下の年齢層で82％（９名/11名）であり，41歳以上では21％（３名/14名）であった。

また各世代での就業率（世帯員に対する就業者の割合）を見ると，2009年では，20歳代75％，30歳代20％，40歳代60％，50歳代100％であるのに対し，2019年では，20歳代100％，30歳代89％，40歳代64％，50歳代64％となっている。特に30歳代を中心として，その前後の世代の就業率の増加が著しい。

全国的にも，20歳代後半～30歳代前半において女子の労働力率が低下する「M字カーブ」が確認されているが，1976年以降，連続的にこのカーブの底が浅くなる傾向が指摘されている（男女共同参画白書 2013，2020）。対象地の変化も，こうした全国的な変化を反映したものと言える。

2019年においては，従来，女子の就業率の低下とパート勤務化が確認されていた世代を超えて，フルタイムの正規雇用者がその大宗を占める状況が見られた。2009年時30歳＝2019年40歳をおおよその境として，これ以下の世代では，女子の農外就業においてフルタイムの正規雇用者が主要な雇用形態となっていることを指摘できる。

ただし，女子就業者における賃金額の上限は壮年の正規雇用者であっても450万円程度であった。先述の40歳以下の正規雇用者に限ってみても，男子（５名）の平均賃金が400万円であるのに対して，女子（８名）の平均賃金は288万円である。いまだ賃金水準の男女間格差自体が解消されたとは言い難い。

４．結論

以上から，対象地における地域労働市場の最近10年間の変化として，以下の４点を指摘できる。男子については，①正規雇用者・非正規雇用者を含む，不安定かつ相対的に低賃金な青壮年男子の層の存在，②正社員グループの賃金水準の相対的な低下，③60歳代前半の男子世帯員の雇用継続傾向，である。

また女子については，④40歳以下の世代における常勤者の主流化がみられた。

特に①と②は，2019年の対象地が，従来の，青壮年男子において年功的な賃金体系のもとにあることが想定されていた「近畿型地域労働市場」とは質的に異なる性格を持つことを示すものである。青壮年男子における，相対的に低い賃金水準の非正規雇用者層の出現，および正規雇用者の賃金水準の低下を，対象地における「近畿型の崩れ」として捉えられる。

次章では，こうした地域労働市場の「近畿型の崩れ」が，近年の農業構造とどのような関係を持っているのかを見ていくことにする。

第４章　2019年調査に見る宮田村の農業構造動態

本章では，2009年から2019年にかけての宮田村N集落の農業構造変動を分析する，その際，特に，対象地の農業構造変動と前章で明らかにした地域労働市場の「近畿型の崩れ」との間に，どのような関連が見られるのかに注目する。なお調査の方法等は前章を参照のこと。

はじめに，対象地全体の経営耕地面積の変動を確認する。両年のデータがある38戸を見ると，合計経営耕地面積は，2009年3,098a，2019年2,927aで，この10年間の変化は５％減にとどまっている。1993年から2009年にかけては，ともにデータが得られた世帯41戸（この間に転入した世帯も含める）を見ると，16年間で合計経営耕地面積に19％もの減少（1993年4,055a，2009年3,268a）があった。これと比べると，最近10年間の対象地の経営耕地面積の減少にある程度の歯止めがかかっていることがわかる。

また，38戸の内訳をみると，経営耕地を増加させたのは18戸で計828a増，減少させたのは18戸で計998a減，面積不変は２戸であった。

山崎（2015b）は2009年時点の対象農家42戸を上層・中間層・零細層の３階層に区分したうえで分析している。そこで，本節では，まずこの階層ごとにその後10年間の動向を簡単に確認する。次に，2019年時点の経営耕地面積に基づいた農家階層区分を行うことで，現時点での農業構造を分析する。

１．2009年時区分による各階層のその後の動向

本節では，山崎（2015b）による2009年時点の３階層の特徴と，各階層のその後10年間の動向を簡単に確認する。2009年調査および2019年調査に共通する調査対象世帯38戸を，2009年時の経営耕地面積が大きい順に並べたもの

第 4-1 表　対象世帯の経営耕地面積の変動（2009 年基準）

09 年区分	09 年番号	19 年番号	19 年区分	09 年耕地(a)	09 年借地(a)	19 年耕地(a)	19 年借地(a)	耕地増減(a)	2009 年男子	2009 年女子
上層	1	6	上	735	535	181	62	-554	69B公	67B，91E
	2	3	上	210	210	298	298	88	34A	33A
	3	8	上	199	164	174	147	-25	42C契	41Eパ，75C
中間層	4	9	中	172	15	172	16	0	68C契，33D公	62C
	5	35	零	157	50	24	20	-133	73A	71A
	7	11	中	149	0	154	0	5	69C公	68C
	8	13	中	139	9	112	0	-27	55D公，25D正，82B	53D公，79C
	9	10	中	134	134	160	160	26	62A	49A
	10	46	零	99	20	6	0	-93	75Bパ	70Bパ
	11	21	中	94	46	67	0	-27	70B	69D契
	12	28	中	91	0	41	0	-50	66B	65C
	13	5	上	81	20	219	160	138	58C公	52D公，27D公
	14	15	中	80	0	109	0	29	92E，60C契，29E正	85E，58C 正
	15	19	中	80	3	77	16	-3	62Cパ	61Dパ，31Eパ，82D
	16	24	中	75	12	52	0	-23	63C	61D，92E
	17	17	中	72	27	82	27	10	50C正，81C	52D正，23E，81C
	18	20	中	67	0	70	0	3	64D正，36D正	64Dパ，36D
	19	1	上	58	0	445	320	387	83B，57C公	50Dパ，26E 正
	20	16	中	52	0	83	13	31	41D公	40Eパ
	21	27	中	51	0	43	0	-8	74E，45 不D	74D，45不D
	22	25	中	48	0	45	0	-3	57C正	57Dパ，84E
	23	29	中	43	1	40	1	-3	77E	73B
零細層	24	30	中	29	0	40	0	11	88E，59E公	84E，60Cパ
	25	39	零	25	0	15	0	-10	88B	83A
	26	31	中	23	0	34	0	11	55B正，30D正	55Dパ，27D正，84D
	27	42	零	23	0	10	2	-13	58D公	52D公，24E
	28	23	中	22	0	54	27	32	59C公	58D，28E正，24E契，86D
	29	34	中	19	17	31	17	12	61C契	38D，87C
	30	40	零	19	0	12	0	-7	-	74D
	32	49	零	14	0	0	0	-14	87A	85B
	33	37	零	11	0	19	0	8	64B	61B，24E正
	34	38	零	7	0	16	0	9	71C	65E
	35	45	零	7	0	6	0	-1	76C自	75E自，73E
	37	47	零	5	0	5	0	0	67B契	62D
	39	50	零	5	5	0	0	-5	66D契	-
	40	41	零	3	0	10	0	7	78C，39E正	74C，31E
	41	36	零	1	0	22	0	21	53D公	50D パ，79E
	42	48	零	0	0	0	0	0	-	66E契

注：1）2019 年調査，2009 年調査に共通する調査対象世帯 38 戸を，2009 年時経営耕地面積が大きい順に並べている。2009 年農家番号は山崎（2015b）による。
2）世帯員欄の記号は，第 3-1 表を参照。
（資料）　2019 年宮田村 N 集落の農家 52 戸，2009 年宮田村 N 集落の 38 戸に対する調査より作成。

が，**第4-1表**である。表中の2009年調査番号は，山崎（2015b）によるものである。

1）2009年上層

山崎（1996：p.201）の1993年調査によれば，当時の上層の多くが水稲での規模拡大と，リンゴや酪農といった集約的部門による複合化とを併進していた。このため上層は「規模拡大と複合化を中心的に担っている階層」と規定された。ただし多くの世帯で農業従事者は高齢の世帯主に限られる傾向があったことから，「上層においても今後は世帯主の加齢とともに規模の縮小または複合部門からの撤退が予想される」とされていた。

これに対して，山崎（2015b：p.132）は2009年時１～３番世帯の３戸を「現時点でも複合化の担い手階層でもある」上層と規定している。氏は，上層農家が1993年時から減少しており，しかも後述の新規参入世帯を除けばこの層の農家においても規模縮小傾向がみられることから「上層が層としては崩落する状態への移行過程」を指摘している。また，こうした上層の動向を主な原因として，対象地における「農地の利用・保全問題」が深刻化していたことを指摘していた。

この３戸の2019年までの動向を確認すると，耕地面積は10年間で合計491a（１戸あたり164a）の減少であった。６番（2009年１番）世帯は，世帯主の労力的な限界によって経営耕地を大きく減らし，借地の返却を中心として農地を放出している。新規参入者であった３番（2009年２番）は借地88aを増やして規模拡大を続けている。８番（2009年３番）の兼業農家は，世帯主が不安定就業者であり，この間に一部の借地を返却したが，今後の米価の動向によっては拡大の意向アリとしている。

以上のように，2009年上層世帯は，新規参入の１戸（2019年３番）が拡大を続けている一方で，ほかの２戸については2009年時と同じく，農地の受け手としての性格を失いつつある状況が見られた。

２）2009年中間層

山崎（2015b）は，自作農的な性格の20戸（2009年４～23番）を中間層と分類している。2009年までに，縮小しつつ主に自作地のみを維持するかつての上層的な農家と，定年を契機に貸付地を取り戻すかつての零細層的な農家とがこの中間層に加わっていた。また新規参入世帯も１戸（2009年９番）存在していた。

この20戸のうち2019年に聞き取りができなかった2009年６番を除いた19戸をみると，10年間で経営耕地面積は合計258a（１戸あたり14a）増加している。内訳は経営耕地面積不変が１戸，増加が８戸，減少が10戸である。

増加の８戸を見ると，特に増加面積が大きい世帯として，2009年19番世帯は31歳息子がリンゴ専業農家として親元就農し，経営耕地面積を387a増加させていた。また，2009年13番世帯は68歳世帯主男子（自営業従事）が水田を138a増加させていた。他６戸は最大でも30aの増加にとどまる。うち４戸は高齢世代世帯員が主な農業従事者であり2009年にも見られた「定年退職を機に農業就業を増やすケース」（山崎 2015b：p.138）が今日においても確認される。残る２戸は常勤の青壮年男子が主な従事者であった。特に2009年20番は，世帯主男子52歳（公務員，担い手会会長）が勤務先の条件悪化を背景に，専業農家化も視野に入れて借地を増加させている。

一方，減少の10戸のうち，10a以上の減少がある６戸を見ると，うち５戸は，2009年時の主な従事者が高齢（73歳以上）であるかまたは死去しており，かつ後継者男子が公務員・正社員であるか不在である。残る2009年８番は65歳男子が主に従事している。

以上のように，この層には，後継者世代が親元就農・専業農家化し，経営耕地面積を大きく増加させた１戸が見られた。このほかの世帯は，いずれも比較的小面積の変動ながら，定年退職時の経営耕地面積増加と，その後の高齢化による経営耕地面積減少がともに確認され（詳しくは後述），層全体としての経営耕地面積は増加していた。

３）2009年零細層

山崎（2015b）は，自作的な農業を維持できずに農地の出し手としての性格を持った19戸（2009年24～42番）を零細層に分類している。うち2019年のデータがある16戸を見ると，19年までに経営耕地面積は合計62a増加（１戸あたり3.9a増加）。内訳としては，増加が９個，減少が６戸，不変が１戸である。

増加の９戸は，最大でも32aの小規模な拡大であり，2009年40番を除けばいずれも高齢世帯員が主な従事者である。ここでも，農外での定年退職を機に農業就業を増やす世帯が主であった。減少の６戸には，共通して65歳未満の男子世帯員がおらず，労力的な困難が経営耕地面積縮小の背景にあると考えられる。総じて，零細層においても，中間層と同様に，定年退職時の経営耕地面積増加と，高齢による経営耕地面積減少が確認され，２つの傾向が相殺されて層全体としては経営耕地を維持していたと言える。

４）小括

以上のように，この10年間において，新規参入者の１戸を除けば，2009年上層世帯には，専業的な農業従事者であった世帯主が高齢のため農業から引退し，しかし後継者世代は農外就業を選択しているため，経営規模を縮小し借地を返却する動きが見られた。結果として，2009年上層は耕地面積を大きく減らしていた。その一方で，2009年中間層の中には，比較的大面積の規模拡大を果たした世帯も２戸存在していた。これらは，青壮年の新規参入者や親元就農者による専業的な経営である。さらに，2009年中間層・零細層は，こうした例を除くと，2019年も比較的小規模で自給的な世帯で構成されていた。彼らの中には，高齢のため規模縮小を志向する世帯と，農外就業先からの定年退職をきっかけに一定の規模拡大を行う世帯とが共に見られ，層全体としては経営耕地面積が増加していた。

結果としてこの10年間では，2009年上層の耕地面積の減少が，中間層・零細層の耕地面積の増加に相殺され，対象地全体としては，おおむね経営耕地が維持されていたのである。

２．2019年における農家階層区分

本節では，2019年の調査対象世帯52戸を，山崎（2015b）と同じく農地市場における立場によって，３階層に区分する（**第3-1表**を参照）。農地の引

き受け手である「上層」（１～８番），自作地を維持する「中間層」（９～34番），農地の出し手である「零細・非農家層」（35～52番）である。性格による区分の結果として，境界となる面積は，2009年における階層区分のものと同一となった。さらに，この階層区分を超えて，就業先としての自家農業への態度について大きく５つの傾向が認められたため，その世帯群ごとに，Ａ～Ｅの５グループへの分類を行った。

１）2019年上層（１～８番）

2019年時の１～８番世帯を上層とする。いずれも農家所得の増加を目的とした借地の拡大が認められ，その内実には世帯差があるものの，農地の受け手としての性格を見いだせるためである。経営耕地面積規模は174a以上である。

この層は大きく以下の３類型に分類することができた。

第１に，「専業農家」のAグループは，１，３，７番の専業的な園芸農家である。

１番農家は31歳長男が親元就農を果たした世帯である。長男は県外に他出しており営業職の私企業正社員であったが，以前より果樹園に思い入れがあった。それまで農業を行っていた長男の祖父が亡くなったことを直接のきっかけとして，2014年にUターンし，専業の果樹農家となった。2009年時点では，経営耕地は自作地58aのみであり，果樹栽培も主に自家消費を目的としたものであった。長男の就農後は借地によって経営耕地面積を拡大し，現在は果樹園290a（リンゴ90a，ナシ100a，モモ100a）と水田155aの計445aを経営している。農業経営は主に専業従事者である長男が担っており，ほかの世帯員は年間数日程度のみの従事である。当農家における農外就業者としては，長男妻27歳が製造業にパートタイム勤務している。果樹の販売額は合計650万円で，農業所得は米と合わせて550万円である。今後は，農業労働力とその雇用費が確保できれば，経営面積の拡大を行いたいとしている。

３番農家は2005年に対象地に移住・就農した新規参入者で，リンゴ園を経営している。2009年時点では210a（すべて借地）を経営していた。2019年までに果樹園を借地によって拡大し，298a（果樹園287a，水田11a）を経営している。農作業は44歳夫と43歳妻が専業的に取り組んでおり，彼らに農外就業はない。世帯員のほかにパートタイマー４人を雇用している。いずれも30～40歳代女子で，雇用費は全員合わせて年間80万円である。リンゴの総販売額は1,300万円，米はすべて自家消費用であり，農業所得は520万円である。３番農家は前回調査以降，長野県による新規就農里親制度[1)]の里親を３度務めている。将来的にはさらなる経営耕地の拡大を行いたいとしている。借りられる農地は十分にあり，パートタイマーの技量向上が見込めるので，拡大は可能とのことであった。

７番農家は専業的なカーネーション農家である。現世帯主80歳とその妻78歳が，ビニールハウス２棟とともに1970年に就農して以来，規模拡大を続けてきた。長男54歳は幼少時から花卉栽培に興味を持っており，東京の大学を卒業したのち，花卉流通について学ぶ目的で花卉卸売会社に２年間勤務した。その後，1990年に24歳で親元就農を果たす。現在の経営は，世帯主夫妻と長男夫妻の４名がいずれも年間250日以上農業に従事しており，農外勤務のある者はいない。ほかの農業労働力としてパートタイマー４名を雇用している。いずれも60～72歳の女子で，時給は800～850円，年間勤務時間はそれぞれ400～800時間である。経営耕地は，花卉栽培のための畑地が59a（すべて自作地）あり，暖房付きガラスハウス５棟が建っている。ほかに水田118a（うち31aが借地）を経営しており，米の販売額は173万円，農業所得は合計で約1,100万円である。当面は現状維持を志向しているが，後継者が就農をしない場合は経営を縮小するだろうとしている。

以上，Aグループの３戸は，いずれも青壮年の専業的な新規就農者が存在し，リンゴや花卉といった集約的な作目を選択することで，通年的な農業従

1）2003年に発足した長野県による新規就農者支援制度。JAと普及センターが，新規参入者に地域の農業者（里親）を紹介し，里親は栽培技術の研修や農業や暮らしに関する相談を引き受ける。詳細については倪鏡（2019）を参照。

事を可能としている。所得の増加を目的として積極的な規模拡大を行ってきた農家であることからも，彼らは農地の受け手という典型的な上層農としての性格を持っているといえる。

ここで，この3戸の農業所得を，地域労働市場において農外就業を選択した際に期待される賃金所得と比較する。各世帯の青壮年農業従事者が仮に農外就業を選択していた際に期待される所得は，男子は2009年対象地で一般的であった年功的な正社員賃金水準，女子はこの世代の女子農外就業者が一般的に就業可能なパート賃金水準を仮定した場合には，それぞれ413万円，790万円，970万円である[2)]。対して，各世帯の農業所得は，それぞれ，550万円，520万円，1,100万円であった。

この農業所得は，上述の仮定における期待農外所得と比べて，1番，7番についてはおおむね同等，3番についてはやや下回るものである。自家農業には年功的な正社員勤務と異なり就農時の参入障壁や自営業特有のリスクが存在していることも考慮に入れれば，年功的な男子青壮年賃銀が大宗を占める地域労働市場のもとでは，純粋な経済的理由のみから就農を選択する者が一般化するとは考え難いといえる。

しかし，現実には2019年の賃金構造においては，非年功的な賃金水準の常勤者が一定の層として存在するのであった。こうした賃金構造を前提とするならば，彼らの農業所得は経済的な合理性のみから考えても十分に専業農家を選択しうる水準にある。近年の農外就業における「雇用劣化」によって，結果的には，就業先としての専業的な農業の魅力が相対的に高まっていると判断できるのである。雇用劣化による賃金構造の変化が，青壮年新規就農者の世帯の伸長の一因になっていると考えられる。

第2に，「農業所得を目的とする兼業農家」のBグループに分類した2，4，

2）**第3-1図**の2009年青壮年男子正規雇用者の賃金水準を表した近似直線に，1，3，7番世帯の青壮年男子の年齢（31歳，44歳，54歳）を代入すると，それぞれ413万円，644万円，822万円である。また，農業従事のある3番，7番世帯の青壮年女子については，女子パート雇用者の賃金上限150万円と考える。

5，8番世帯の4戸は，水稲作を中心とする兼業的農家である。

2番農家は，世帯主男子46歳が集落内のH農事組合法人にパートタイマーとして勤務しつつ，310aを経営している。うち170aは最近10年以内に新たに借り受けたものである。H法人へは年間210日程度の勤務である。世帯主妻46歳は村内の精密機械工場にパートとして勤務している。経営耕地面積は水田が300a（うち240aが借地）であり，販売額は473万円，農業所得は250万円程度である。また，当経営は，全面積の収穫作業をM法人に委託しているが，トラクタ・田植機を所有しており，耕起作業と田植え作業については自身で行っている。今後の農業経営については，労力的な限界を理由として，10年間ほどかけて借地を返却したいとしていた。

4番農家は，世帯主男子71歳と妻69歳が，水田農業を経営している。2名はともに年間150～199日程度農業に従事している。加えて世帯主はシルバー人材派遣センターに所属してパートとして雇用されている。自家農業については，水田253a（うち181aが借地）を経営しており，水稲の販売額は370万円であった。また当経営は，全経営面積の耕起作業を集落営農組合に，収穫作業をM法人に委託している一方で，田植機を所有しており，田植え作業については自身で行っている。将来的には，高齢のため，経営面積を縮小したいとしている。

5番農家は世帯主男子68歳が板金会社を経営するとともに219aを経営している。2009年の経営耕地面積は81aであった。農業には世帯主が年間30～59日程度従事しており，またほかの世帯員4名も年間で数日程度従事している。世帯主は自営業所得のほか，村議会議員としての収入がある。また現在，N集落営農組合長を務めている。さらに，世帯主妻62歳は助産師として病院に勤務している。今後の農業経営については，高齢のため，借地を返却したいとしている。

8番農家（山崎 2015a：p.81の3番世帯）は174aを経営している（うち田155a中137aが，また畑19a中10aが借地)。2009年は199aであった。世帯主男子52歳は契約社員として勤務している。世帯主はかつて機械部品製造業の

宮田村直売所（2014年，山崎撮影）

正社員であったが，2008年のリーマンショック時に退職して今日の職に転じている。妻51歳は企業との業務委託契約で自販機補充を請け負っている。自家農業には世帯主と母85歳がともに年間30～59日程度従事しているほか，妻も田植え作業のみ従事している。作付けは稲作155aであり，販売額は223万円程度。加えて畑地ではジャガイモ，インゲンマメなど数種類を生産して直売所で販売しており，年間10万円程度の売り上げがある。また，当経営ではコンバイン作業のみM法人に委託しており，トラクタと田植機を所有している。今後の農業経営については，当面は現状維持を志向しているものの，米価が1.7万円/俵程度まで上がれば，経営面積を拡大したいとしている。

以上のBグループ4戸には，共通して，農外就業を行いつつ家計費充足を目的とする農業従事を行う世帯員が存在した。いずれの世帯も水稲作を中心として1.4ha以上の借地を持っており，重要な就業の場として自家農業を位置付けていると考えられる。うち2，8番は，青壮年男子の農業従事者が存在し，彼らはいずれも非年功的な賃金体系の被雇用者あった。彼らに関しては，その低位な農外就業の条件が，農業所得を目的とした自家農業を行うインセンティブを強めているものと考えられる。こうした世帯の出現は，「近畿型」のもとにあった2009年調査時からの変化として特筆されるものである。

ただし前章で論じたように，彼らの農外就業形態は非年功的とはいえ常勤的なものである。彼らの農外就業は，かつての「切り売り」就業のように農業所得を必須とする賃金水準ではない。また自家農業に従事する場合にも，その経営規模は農外就業の休日で行える範囲内に制限されることになる。このため今日の相対的低賃金層は，農業従事との結びつきを必須としないという点でも，各世帯の農業従事の程度という点でも，「兼業滞留構造」を引き起こしたかつての「切り売り」的就業とは異質のものと言える。

実際，対象地では2019年調査時点においても，2009年調査時と同様に農地の保全が課題となっている。また対象地の設定借地料は1,500円/10aと低く，専業的農家の経営耕地面積の増加を妨げるような水準ではない。Bグループによる農業従事は，地域の農地保全に一定の寄与をするものではあっても，「兼業滞留構造」への回帰を引き起こすものとは考え難い。

第３に，以上の２類型とは異なる性格を持つ６番世帯を，「規模縮小傾向の専業農家」のCグループとした。６番世帯は，1993年時点においては酪農業を営む典型的な上層農家であり，2009年時においても調査対象農家内で最大である経営耕地面積735aを持つ専業農家であった。ただし，2009年時点ですでに世帯主男子の労力的な限界から借地を返却していた。2019年調査時には，181a（水田170a，畑地11a）まで縮小している。世帯主男子79歳が年間30～59日程度農業に従事しているほか，長男夫妻も数日農業に関与している。農外就業のある世帯員は長男46歳及び長男妻45歳である。長男夫妻は東京での務めがあったが，世帯主の高齢のため，2014年に宮田村の実家に転居し，長男は公務員として職を得ている。長男妻は機械部品製造業にパートとして勤務している。６番世帯は，以前にはAグループに共通する性格を持っていたものの，現在は農業従事者の高齢化と後継者世代の農外就業のため，経営規模を縮小し借地を返却しつつある。

2）中間層・零細層の経営耕地面積動向

ここで，中間層の分析に先立って，中間層・零細層を併せて，最近10年間で10a以上の経営耕地面積変動があった世帯の性格を見ておく。

中間層・零細層のうち，両年のデータが判明している世帯は33戸ある。このうち，10年間で10a以上の経営耕地面積の増加があった世帯が９戸，10a以上の減少があった世帯が８戸である。

増加の９戸を見ると，うち後述の16番を除く８戸において，世帯内の主要な（農業従事日数が最も長い）農業従事者が60～72歳である。彼らはいずれも，この10年間で農外就業先からの退職または勤務日数の短縮などを経ている。これらの世帯は，主たる農業従事者が定年年齢を迎えて農外勤務を縮小する際に，自家農業への関与を深めているのである。

一方，縮小の８戸を見ると，42番を除く７戸において，世帯内の主要な農業従事者が2009年時に63歳以上であった。残る42番はこの10年間で農地の借り換えを行っており，これに伴う縮小である。ほかの７戸は，2019年には，2009年時の主要な農業従事者が73歳以上である世帯と，死去している世帯とからなる。

以上より，中間層・零細層において，10a以上の経営規模拡大が見られる世帯は，主に定年退職時の農外勤務の縮小をきっかけとして，自家農業を拡大した世帯であった。対して経営規模縮小が見られる世帯は，主たる農業従事者のさらなる高齢化に伴う農業労働力の不足がきっかけとなっていた。

3）2019年中間層（9～34番）

次に，中間層の性格を確認する。９番以降の世帯のうち，「借地面積≧貸付地面積」である世帯が多くを占めている９～34番の26戸を中間層とする。経営面積規模は30～172aの範囲である。

この26戸のうち，後述の10番世帯を除く25戸に類似した性格が見られたことから，「農業所得を主要な目的としない兼業農家」，Dグループとする。このグループは自作農的な性格の農家であり，2009年時の経営耕地面積をおおむね維持してきた世帯といえる。

Dグループのうち，29番世帯を除く24戸は，いずれも水稲（すべてコシヒカリ）を作付けており，主に農協への出荷を行っている。出荷量は10～130俵である。

ところで，**第3-1表**の「作業委託利用率」は，（耕起・田植え・収穫の各作業委託面積の合計）÷３÷（水田の経営耕地面積）×100によって算出した指標である。中間層農家および零細層農家のうち水稲作付けのある世帯では，この指標が軒並み100に近い。すなわち，これら農家は，基幹的な機械作業３種をほとんど委託している。中間層・零細層における水田経営の維持は，地域内に存在する農業組織への作業委託を前提として可能になっているといえる。

また，Dグループのうち20戸では，普通畑を耕作しており，この経営面積は最大で40aであった。多くは自給目的での耕作であるが，16番（花卉，販売額４万円）と18番（麦，販売額８万円），31番（野菜類，販売額４万円）の３戸は少額の販売が見られた。

Dグループにおける自家農業生産の主な担い手を確認すると，その多くは60歳以上の高齢者世代であった。16，20，27番を除く20戸では，高齢者世代が世帯内で最も農業従事日数の多い従事者である。この20戸では，先述したように，農外就業からの引退をきっかけとした農業経営の規模拡大，および高齢農業従事者の労力的な限界を理由とした規模縮小が見られた。

対して，青壮年層が農業を主に担っていた３戸を見よう。20番の主要な従事者である46歳男子には年間150～199日，27番の主要な従事者である55歳男子には60～99日間の農業従事がある。ただし，彼らはいずれも，年功的な賃金の私企業正社員であることと，現在の農業経営規模とから，就業機会としての農業の位置づけはあくまで補助的なものであると考えられる。

一方で，16番の主要な従事者である52歳男子は，農外就業先の変化に伴って農業経営を家計費充足のために重視するようになっている。男性は公務員

屋敷地周辺の田（2019年，新井撮影）

であるが，かつて勤めていた事業所が閉鎖されたため，現在は片道２時間をかけて長野市の事業所に勤務している。現時点での農業従事日数は30～59日であるが，勤務先への遠距離通勤という雇用条件の悪化を理由として専業農家化を視野に入れており，このために水田30aを増加させたという。

また，以上のDグループとは異なる性格を持った世帯として，10番世帯（山崎 2015b：p.136の９番世帯）がある。10番世帯はリンゴ・ブルーベリー栽培を行う専業的な園芸農家である。世帯主男子72歳と妻59歳はともに年間200～249日農業に従事しており，農外の務めはない。夫妻は2000年に農外の務めを退職して宮田村に転入して農業を始めた新規参入者である。2009年時点では134a（果樹園109a，畑地25a）を経営する果樹農家であり，体力的な限界を理由に規模縮小を希望していた。しかし実際には2019年までに果樹園を26a増やして160aを経営し，農産物販売額は合計846万円である。現在は体力的な限界から，今後は規模縮小を希望している。この点で，先述の「規模縮小傾向の専業農家」，Cグループと共通した性格を持っていることから同じくCグループとした。

4）2019年零細・非農家層（35 ～ 52番）

「借地面積＜貸付地面積」である世帯が多くを占め，農地の出し手としての性格の強い35 ～ 52番の18戸を2019年における零細・非農家層とする。経営面積は24a 以下である。

このうち，経営耕地を有する35 ～ 47番の13戸は，中間層Dグループ（「農業所得を主要な目的としない兼業農家」）と類似した性格を持つことから，同じくDグループに加えた。このうち，6戸は水稲栽培を行っており，さらにこのうち5戸は水稲の販売を行っているが，販売量は20俵以下である。また，普通畑の耕作がある世帯は8戸あり，その面積は最大20a で，いずれも自給目的である。

零細層のDグループにおける農業従事者を確認すると，中間層Dグループと同じく，多くの世帯では高齢者が最も農業従事日数の多い農業従事者であった。青壮年が世帯内で主な農業従事者として位置づけられている世帯としては37番，41番の2戸がある。この2戸における青壮年農業従事者は，いずれも常勤的な私企業正社員であり，農業経営の規模からしても，やはり家計費充足を目的にした農業従事であるとは言い難い。

総じて，Dグループには，世帯員の主要な就業の場として自家農業を位置付けている世帯は確認できない。彼らは，米などの自給や地域の農地保全への意識など，主に家計費充足とは異なる理由によって，自家農業へ関与している世帯であると考えられる。

最後に，48 ～ 52番の5戸を「土地持ち非農家」であるEグループとする。いずれも，すべての所有農地を貸し付けている世帯である。このグループの世帯員構成を確認すると，多くは世帯員の高齢や他出のため，現在の世帯員では労力的に農業従事が困難と思われる世帯であった。比較的若く体力上は農業従事を行いうる世帯員が存在しているのは，51番世帯であるが，この世帯の所有農地は30年以上前から貸し付けているという。

逆に言えば，全対象世帯のうち所有農地の耕作から完全に撤退している世

第4-2表　世帯員の年齢別農作業従事日数　（単位：%）

	20歳代以下	30歳代	40歳代	50歳代	60歳代	70歳代	80歳代以上	計（人）
①　200日以上	0.0	6.3	9.1	10.5	7.7	17.9	9.1	17
②　199～100日	0.0	6.3	4.5	5.3	3.8	15.4	12.1	14
③　99～30日	0.0	0.0	13.6	21.1	15.4	23.1	21.2	27
④　30日未満	46.7	12.5	45.5	52.6	65.4	20.5	21.2	61
⑤　なし	53.3	75.0	27.3	10.5	7.7	23.1	36.4	51
合計人数（人）	15	16	22	19	26	39	33	170

（資料）2019年宮田村N集落の農家52戸に対する調査より作成。

帯は，こうした絶対的に農業労働力が不足している世帯に限られる。農外就業を理由として，全面的に自家農業から撤退する世帯は，対象地には確認されないのである。

第4-2表には対象世帯の成年世帯員の農業従事状況を，年齢ごとに整理した。これによれば，全世帯員の70%が自家農業に一定の関与がある。世代ごとにみると，20歳代，30歳代では過半の世帯員が農業に関与していないものの，これ以上の年代では，40歳代73%，50歳代89%と，多くの青壮年世帯員が農業に従事している。そして，農外就業から引退した者の多い60歳代で関与する者の割合が92%と最も高く，これ以降は年齢の上昇とともに関与率が低下していく。また，60歳代以下の各世代では，「30日未満」と最小の従事日数である者が多数を占めている。

Dグループの38戸は，いずれも所有農地の耕作に関与をしていた。その際，多くの場合には，高齢者が主な農業従事者として活躍していたが，高齢者が不在である場合や農業従事が困難である場合には，常勤的な農外勤務先を持つ青壮年が自家農業の生産を担っていたのだった。**第3-1表**からも，高齢者を中心的な自家農業生産の担い手としつつ，青壮年においても親世代の年齢が高い世代ほど農業に関与している者が多いことがわかる。

常勤的な農外就業先を持つ者が多い世代でも高い関与率があることから，対象地においては，世帯員の農外就業状況によって関与の度合いを変えつつも，自家農業の次世代への継承自体は見込める世帯が多いと考えられる。基幹的作業を委託できる農作業受託組織の存在が，こうした状況の前提条件となっているといえる。

3．結論

ここでは，2019年までの10年間の対象地における，地域労働市場の変化と農業構造変動との関連を整理する。

まず，上層の一部には，青壮年の参入者や親元就農者を主な農業従事者とし，規模拡大傾向をもつ専業的な農家世帯が確認された（Aグループ）。こうした存在は2009年においては３番世帯のみであったが，2019年には３番世帯の規模拡大が継続しているとともに，新たな世帯が出現しており，「農地の受け手」に占める新規就農者世帯の比重は増していた。彼らの農業所得は，非年功的な賃金水準の常勤者が一定の層として存在する2019年賃金構造を前提とするならば，経済的な合理性のみから考えても十分に専業農家を選択しうる水準にあった。対象地における「雇用劣化」傾向は，農外所得との比較のうえで，専業的な就業先としての農業の魅力を相対的に高める結果につながっているといえる。こうした変化が青壮年新規就農者の世帯群の伸長の一因であると考えられる。

なお，青壮年時に専業的に農業に従事した者のいる園芸農家の中には，かつて農業に専業従事していた世帯員の高齢と，農業後継者の不在とを理由として，規模縮小の動きを見せる世帯も存在した（Cグループ）。専業的な家族経営においては，地域における常勤者に相当する水準の農業所得が期待できるとしても，個別経営である以上，後継者確保が保証されるわけではなく，経営者の引退にともなう農業経営からの撤退も生じうるのである。

他方で，上層の中には，農外就業を行いつつ家計費充足を目的とする農業従事を行う世帯員のいる世帯が存在した（Bグループ）。この世帯は，いずれも水稲作を中心としており，重要な就業の場として自家農業を位置付けていると考えられる。この類型には，青壮年男子の農業従事者がいる世帯が含まれる。彼らはいずれも，最近10年間で層として認められるようになった単純労働賃金水準の被雇用者であり，こうした世帯の農業従事は対象地の地域労働市場の変化を反映したものであると考えられる。

中間層および零細・非農家層においては，基本的に，自家農業を世帯員の重要な就業先として位置づけている世帯は見られなかった。多くの世帯では，高齢者世代が中心的な自家農業生産の担い手であり，彼らの年齢や農外就業の状況に応じて経営面積規模を変動させる傾向がみられたが，高齢者が農業から引退している場合にも，常勤的な農外勤務先を持つ青壮年によって自家農業がある程度維持されていた。こうした世帯は農作業受託組織を利用することで，農地の引き受け手として，対象地の経営耕地面積の維持に一定の役割を果たしていた。

以上の各層の動向の結果として，対象地の総経営耕地面積はおおむね維持されていたのである。

最後に，対象地の農業構造に対する，地域労働市場および地域の農業組織の規定性は，第８章による中川村分析との比較からも確認できることを指摘する。

中川村の地域労働市場は，宮田村のそれと類似していることが予想されたが，実際，前章の分析が示した賃金構造と重要な点では一致しているといえるだろう。すなわち，中川村で確認された，「男子の正規雇用は年功賃金を形成する者と非年功型雇用とによって構成され」，「労働力の選別すなわち雇用劣化」（第８章，p.185）が生じているという状況は，宮田村においても確認されたのである。

他方で，中川村の農業構造については，宮田村との相違が見られる。中川村においても，青壮年の農業専業者を有する世帯が一定数確認されている。しかし，こうした世帯を除く，これまで農業を行ってきた世帯の多くでは農業従事者の高齢化をきっかけとして，青壮年の後継者が自家農業に取り組むことなく，規模縮小・土地持ち非農家化する傾向が見られた。このため，中川村では「全体としては農業生産の担い手の脆弱化傾向が見られる」（同上）のであった。この点は，農業所得を目的としていない世帯の多くで自作地維持の傾向がみられた宮田村とは対照的である。

類似する土地条件・農外就業機会を持つ2つの村において，農業構造に相違が見られるのは，地域の農作業受託体制の違いによる部分が大きいと考えられる。宮田村においては，営農組合やM法人による基幹的な機械作業の受託が行われることで，省力的な水稲栽培が可能となり，農外就業のある世帯の多くが自家農業に関与していた。対して，第8章の調査対象地である中川村Y集落においては，集落単位のコンバイン組合はあるものの，農業機械作業全般の委託を行える体制にはない。こうした相違が各地域の農家世帯，特に家計費に占める農業所得が比較的低い2兼的な世帯における自家農業への態度の違いとなっていると考えられる。

以上で見たように，対象地においては，地域労働市場の「近畿型の崩れ」が確認されるとともに，その農業構造への影響として新規就農者層と農業所得を目的とする兼業農家層の台頭が確認されたのである。

なお，全国的な雇用劣化傾向が確認される今日の国内の状況を踏まえるならば，ここで示されたその農業構造への影響は，かつての「近畿型地域労働市場」地域にある程度の広がりをもって存在していることが示唆される。こうした点については，対象地で検出された地域労働市場と農業構造変動との論理的な関係を踏まえつつ，他地域との比較分析や全国的な統計分析によって，さらなる研究を行う必要があるだろう。

第５章　宮田村における稲作機械共同所有・基幹作業受託組織の変遷

中山間地域は河川の上流域に位置し，傾斜地が多い等の立地特性から，そこでの農業活動は水源涵養や国土保全といった多面的機能を有している。また，耕地面積，総農家数及び農業産出額の約４割を占め，我が国の農業・農村において重要な位置を占めている。一方で，傾斜地が多くまとまった耕地が少ないことから，平地に比べ営農条件が不利であり生産性向上も比較的困難であること，さらに人口減少の進みが早く高齢化率も全国に比べて高い傾向にあることから，個別農家だけで農業を維持するのは難しく，集団的な農業が展開した地域もあった。

宮田村は，村全体で転作対応・水田保全を行うことを目的とし設立された「宮田方式」という独創的かつ先進的な地域農業システムで有名な地域である。「宮田方式」は，設立当初，「集団耕作組合」，「土地利用計画」，「地代制度」の３本柱より成り立っていた。

これらのうち集団耕作組合は2006年に宮田村営農組合へと改組され，集落ごとの集団耕作組合は集落営農組合機械・労働調整部となった（以下，特に断らない限り集落営農組合機械・労働調整部のことも集団耕作組合と表記する）。さらに，2015年より全村的な収穫作業等を行う農事組合法人M法人が設立され，宮田方式設立当初とは稲作作業受託・機械共同所有・管理の主体に変化がみられる。こうして組織としての形を変えながら地域の稲作作業を支えてきた集団耕作組合は，地域労働市場の発展段階とともにいかなる変遷を辿ってきたのだろうか。また，今日の「近畿型の崩れ」段階において稲作基幹作業受託組織である集団耕作組合・M法人はどのような状況にあるのか，それぞれ検討することが本章の目的である。

稲の収獲（2019 年，新井撮影）

1．課題と方法

本章の課題は，地域労働市場の発展段階的視角から宮田村N集落の稲作作業受託組織の展開を捉えなおし，最新のN集団耕作組合とM法人の動向を宮田村N集落における集落調査により得られた農家の農業構造・農業就業状況と関連付けて分析することである。

研究方法は次の通りである。農業組織については，先行研究の整理に加え，N集団耕作組合に関しては，長野県宮田村N集落農家を対象として行った2019年聞き取り調査の結果と，2020年の追加調査（元N集団耕作組合長，現M法人事務局のK氏）の結果，総会資料（設立時から2019年度分），M法人に関しては，M法人第１～６期通常総会資料（2015-19年度分）からそれぞれの組織の動向を分析する。宮田村の近畿型地域労働市場下での農家就業状況については，過去２回同集落で行われた農家調査（1993，2009年）の研究成果と，前述の2019年聞き取り調査の結果から経年的な変化を分析し，調査対象となる宮田村N集落の農家について把握する。

２．調査対象の概要

まず，集団耕作組合とM法人の設立背景としくみについて概要を説明する。集団耕作組合設立当初の状況は田代（1976），以降の状況は山崎（1996），山崎・佐藤（2015），M法人については山崎（他）（2018）による。

集団耕作組合は，1970年代に村内７集落に順次設立されたが，N集団耕作組合の設立は最も早く，1973年のことであった。田代（1976）によると，当時，宮田村では，農家世帯員の常勤的な農外勤務化と，その一方で農業を主業としている家における畜産，花卉部門の導入を背景に，稲作作業の省力化の要請が高まり，当初，普及段階にあった稲作中型機械の個別的導入の動きが見られた。だが，零細分散錯圃の下での機械の個別的導入の不採算性から，機械の共同所有・利用組織の設立と全村圃場整備が，村当局により提起された。そして圃場整備と同時に第２次構造改善事業が開始された。しかし，全村一斉の合意形成が困難であったため，集落単位での合意形成と実施が基本とされた。当時，村内７集落の全てに，集団耕作組合が存在したが，設立年に1970年代初頭から78年までの幅があるのはこのためである。稼働能力が集落規模を超える育苗センター（緑化過程）とカントリーエレベータについては，所有・管理主体はともに農業協同組合である。

コンバインは，村内の全耕作組合で構成される集団耕作組合協議会が所有し，管理と運営は，従来は各集落に任されていた。だが1992年秋以降の全村一元収穫作業の実施に伴い，運営主体を同協議会に移行した。また，同協議会は2006年に，宮田村営農組合機械・労働調整部に改組され，2014年まで，営農組合機械・労働調整部が所有・管理・運営を行っていた。その後2015年からは後述のM法人にコンバインを貸し付け，M法人が作業の運営を行うようになっている。M法人は効率的なコンバイン運営のために，はじめて村全体の運行表を作成し，それを基に運行を行っている。

田植機とトラクターは，それらを導入した1970年代には補助残額を農協が立て替え（農協所有），管理と運営は各集団耕作組合となっていた。その補助残額を数年間で償還した後には，集団耕作組合の所有に移った。それ以降40年間にわたり，各集落の集団耕作組合は，補助金を使わず減価償却費を計上して自前の資金を積み立てながら機械の更新を行ってきた。しかし，2010年に耕作放棄地再生利用緊急対策による半額補助を利用し，宮田村営農組合が７年間リースした６条田植機１台についてN集団耕作組合がリース料を支払って管理することにし[1]，それまでとは田植機更新の方法を変更することになった。このときリースを利用したのは，同事業で補助を受けるための条件であったからである。

次に，N集団耕作組合の会計についてみていく。現在，一般会計，トラクター会計，田植機会計，コンバイン会計，大麦会計（転作会計）の５つの部門からなる。一般会計の収入は，加入者（原則として集落内農地所有世帯の全戸参加）による組合運営費の①戸数割りと②所有面積割りによる負担から成っており，支出先としては，主に，役員手当，研修費，会議費等である。トラクター会計と田植機会計の収入は農家がそれぞれの機械を実際に利用した面積による料金からなり，機械の修繕費，燃料費，減価償却費，オペレータへの労働報酬などに主に支出される。コンバイン会計の収入は，コンバイン事業でM法人があげた収益の分配金から成り，主に福利厚生費や研修費等に支出される。また，2006年よりN集団耕作組合では役員が中心となって作業をしながら，借地2.6ha上で大麦の転作を実施しており，以降，大豆作にも取り組んでいる。この販売収入と交付金が大麦会計の収入源である。この収入は，作付け・栽培費用に支出される。

N集団耕作組合で機械作業を行うオペレータの確保方法についてみていく。トラクターとコンバインのオペレータは，設立当初より農家からの出役によって確保されている。田植機は，1992年までは耕作者が機械を借り受けて自前で作業を実施することになっていた。しかし1993年からは，従来の４条

1） ７年間リースの予定であったが期間を延長し，2018年まで使用したとのことである。（2017年度・2018年度N地区営農組合総会資料より）

歩行用田植機４台の体制から６条乗用田植機（側条施肥機付き）１台＋４条歩行用田植機２台への編成替えに伴い，乗用田植機については，トラクター，コンバインと同様にオペレータ出役方式をとっている。オペレータの仕事は，農機の整備，実際の農作業，自走での農機の格納庫からの出し入れである。

2015年に設立されたM法人についても，設立の背景を述べる。山崎（他）(2018）によると，M法人は，①集団耕作組合構成員の非農家化への対応，②農機オペレータ確保の困難化への対応，③農機運用の効率化を通じた農機台数の削減と更新費用の低減化，これら３つの課題の解決策として設立された組織である。設立の直接的な契機は2006年に宮田村営農組合を立ち上げた時にそもそも５年後の法人化が必要であったところ，実際には2011年の法人化が見送られ，さらにそれから５年間の法人化猶予期間の期限に対応したことによる。しかし，結局宮田村営農組合の法人化はならず，それとは別組織の法人の立ち上げとなった。宮田村営農組合に参加してはいるもののM法人設立には参加しなかった者は，760人中土地持ち非農家を中心に64人おり，宮田村営農組合がそのままM法人に移行したわけではない。このM法人の設立以降，農機の更新は集落ごとの集団耕作組合ではなく，宮田村営農組合で行い，さらに，村営農組合がもともと保有していた現金資産がつきれば，それを代位するように農機購入の役割はM法人へ移行していく，との展望がなされていた。

３．集団耕作組合の展開と地域労働市場構造の段階

板東（2015）によると，集団耕作組合の展開は田植機の作業主体に着目すると二つの画期に区分される。一つが1970-80年代の作業受託・共同利用期，もう一つが，1990-2000年代の稲作基幹作業受託期である。これを踏まえて，2000年代までの集団耕作組合の展開を，過去の先行研究によりながら整理を行う。設立時よりのN集団耕作組合田植機利用面積の推移は，**第5-1図**に示した通りである。

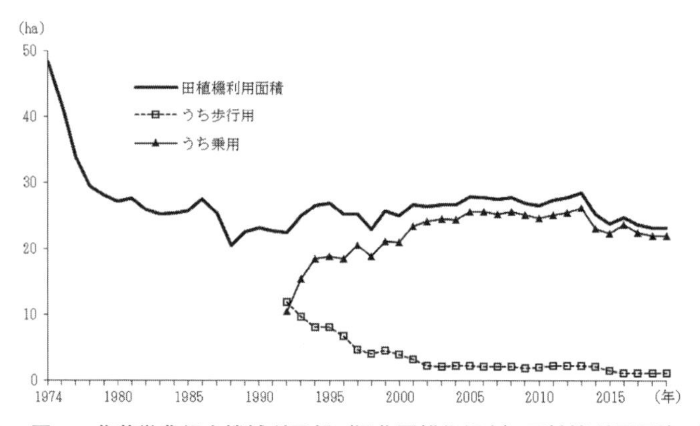

第5-1図　N集落営農組合機械利用部（旧集団耕作組合）田植機利用面積の推移

注：1）1975年のデータは欠落。
　　2）1991年以前は歩行用のみ。
（資料）同組合総会資料より作成（山崎（2015，p148）に加筆）。

1）作業受託・共同利用期（1970−80年代頃）

田代（1976）によると，集団耕作組合の当初の目的は，農地流動化が進まず，個別農家レベルでの稲作拡大が難しい状況下で，機械の共同化・省力化により生産性を向上させ，発生する余剰労働力を各農家の集約的複合部門の強化にあてることにあった。笹倉（1984b）によると，当初は村－集団耕作組合－班－個別農家と作業を分担して行っていたが，1970年代後半から80年代前半にかけて，N集団耕作組合の田植機利用は大幅に減少した。笹倉（1984b）は，田植機利用面積の減少を，班ごとの共同作業（育苗・組合の機械を借りて行う田植）が，専業農家・兼業農家双方にとって都合の良いものではなかったためであると分析している。専業農家にとっては高い作業料金や作業日程の面で自己の農業経営に都合が悪いため作業の個別化が進み，兼業農家にとっては兼業深化により共同作業への出役が不可能かつ自家での育苗を行う労力もないため，全過程委託へ向かったのである。また，山崎（1996）は，1970年代後半に減反強化の影響を受けたことを減少の要因として指摘した。集団耕作組合の使い勝手や当時の政策の影響を受け，設立当初から1980年代前半まで田植機利用面積は大幅に減少したとみられる。当時の機械作業の担い手についてみると，1983年時点の主なオペレータは，稲＋α（野菜や花卉，畜産は除く）の複合経営農家で，世帯主自らが機械作業も担っている集落農業全般の担い手，リーダー層と農業専従者が存在する農家の後継者，および稲単一・非貸付経営農家で，土建業勤務など比較的休暇の取り易い農外就業先を持つ層であった（笹倉 1984b）。今井（1984）は，当時のオペレータが，土建業などに農外就業先を持つ層に集中し，過重労働の問題が生じていたという指摘をし，その理由として，兼業先での常勤的兼業従事者との賃金格差を埋めるためだとした。一方で，笹倉（1984b）が指摘するように，オペの担い手となりうる「後継者層がいずれも恒常的な農外就業に出ており，自由な日程を組めないこと，出役しても年に１～２日であり，技術の向上には長時間を要すること，それよりもむしろ現有のオペによって技術的な水準を維持する方が，兼業――作業委託者層からの苦情も少なく，組織を維持し易いこと」といった理由がオペレータ作業の分担が上手く進まなかったこととして挙げられている。1980-87年は26ha前後を推移し，ほぼ一定面積が維持されていたが，1988年には20ha強と最も低水準を記録した。その後持ち直したが，1989-92年まで23ha前後にとどまった。山崎（1996）では，田植機利用面積の減少を，集団耕作組合の主な利用階層である，自作的性格の強い農家層の零細層への転化によるものと分析した。さらに，男子青壮年世帯員から，農業所得との合算で生計を立てる農家層が検出されなくなるため，オペレータを中核的に担い，複合部門も営む農家層の高齢化と後継者の常勤的兼業への従事により，その後オペ確保が不安定化する可能性を指摘した。

２）稲作基幹作業受託期（1990-2000年代）

1992年秋よりそれぞれ集落単位で行われていた収穫作業が全村一元で行われるようになった。田植機については，利用面積の減少が続いていたが，1993年の乗用田植機導入により転機が訪れた。山崎（1996）によると，1993

年の乗用田植機導入をきっかけに，田植機もコンバイン，及びトラクター同様に，オペレータ出役方式となった。さらに，乗用田植機は側条施肥機付きで，基肥の施肥も組合へ委託可能になった。この乗用田植機導入と同時期から，田植機利用面積が回復しはじめたのである。山崎（2013）は，2009年農家調査の結果を分析し，田植機がオペレータ出役方式となったことで集団耕作組合の利用者側からみた使い勝手が向上したこと，さらに，利用農家の農業構造の変化を指摘した。集団耕作組合の主な利用階層は自作的な中間層農家であるが，山崎（2013）は，1993年上層農家の農地放出と，1993年零細層の定年帰農に伴う農地の取戻しにより，2009年時点で中間層に属する農家数が増加したことを明らかにした。また，中間層による集団耕作組合利用度も上昇していた。このとき，個別農家が行う作業は，田植作業のオペレータ出役化や，側条施肥機付き田植機の導入による基肥の外部化によって，管理作業をはじめとするいくつかの作業にまで減少していたのである。2009年時点の状況を総括して，集団耕作組合の利用階層である中間層農家の戸数の増加と農作業従事からの後退，つまり，組合への依存を強めながら自作を維持している状態がみられると指摘した。集団耕作組合の利用が増加する一方で，オペレータ確保については，その困難化が山崎（1996）で指摘されていたが，山崎・佐藤（2015）では，集団耕作組合独自のオペレータ掘り起こしの取り組み（オペレータ研修会や，地域の青壮年が農作業を行う任意組織「担い手会」の勧誘）により確保されているとのことであった。2009年におけるオペレータの担い手は定年退職後の高齢者，青壮年男子であり，青壮年男子はいずれも「安定」兼業に従事していたのであるが，山崎・佐藤（2015）によると，当時，不況で残業手当が減った分，農外勤務者のオペレータのなり手の増加が全村的にみられたとのことである。

以上，二つの画期に分けて集団耕作組合の展開をみてきたが，これを地域労働市場構造の段階と対応させてみよう。地域労働市場構造が「東北型」であった1970-80年代は集団耕作組合の「作業受託・共同利用期」にあたる。労働市場が「東北型」であった当初は，村－集団耕作組合－班－個別農家の作業分担が可能だった。しかし，「近畿型」への移行期では，兼業深化が進む常勤的農外就業従事者にとっては班単位の共同作業（育苗作業）が困難となり，作業利用料金の縮減によって所得に転化させると共に，複合部門との関連から，自己の経営に都合の良い日程を組んで作業を進めたい専業農家にとっても，共同作業や作業委託は自家の経営にとって負担であった。というのも兼業農家の採算（兼業所得）に合わせてオペレータ労賃や機械作業料金を決定しているので，規模の大きい専業農家にとってはコストとしてはねかえる額が大きくなったためである。また，当時，オペレータの負担が，土建業等への従事と複合経営による農業所得との合算で生計を立てる農家層へ集中するといったオペレータの過重労働の問題も生じた。この理由として，①土建業勤務など比較的休みの取り易い農外就業先を持つ層が存在しており，彼らが常勤的兼業従事者との賃金格差を埋める必要があったこと，また，②農業収入が家計費充足のために必要である農家にとっては，オペレータの作業に一定程度の技術的な水準を求めていたことも挙げられよう。一方で，曲木（2015）では，「宮田方式の転作対応には『集団耕作組合』のオペを担っていた多就業状況にある農家を，ある程度農業で所得確保できるような複合部門（つまりリンゴ）を設けることで農業に引き留め，ひいてはオペの担い手としての立場をより強固なものとしよう，という村行政側の意図」（p.41）があったと指摘されている。「東北型」から「近畿型」への移行期には，稲作を維持する自作農に支えられ，自作農の維持を目的として設計された従来の「宮田方式」の問題点がオペレータの過重労働というところにも表れていたといえる。

一方，地域労働市場が「近畿型」となった1990年代-2000年代は「稲作作業受託期」にあたる。ここで，1990年代の状況を簡単に整理する。山崎（1996）は，1993年調査時点で農地管理を担う昭和一桁世代の高齢化と体力的限界に伴い，自作農が貸し手へ転化していると指摘した。この自作農の貸し手への転化は，この間に，現地で「水稲受託田」と呼ばれる水稲作付けのために流動化している農地が急増（1982年には10数haであったのが，1990

年には31.4ha，そして1993年には53.7ha）したことにも表れている（JA伊南・JA長野開発機構 1995)。このような農地の流動化，借り手市場化が進行する中で，曲木（2015）で述べられているように「地代制度」も借り手を地代で優遇する方向へ進み，委託地の実質地代は下落し，無地代同然になったのである。こうして「地代制度」は，農地流動化を促すための制度から「農業生産の担い手支援」の制度へ転換したのである。同様に，集団耕作組合も担い手支援の方向へ舵を切ることになる。乗用田植機の導入で，基幹作業全てがオペレータ出役方式となり，水稲農家が集団耕作組合へ作業委託する場合，個別農家が行うべき作業はほとんど管理作業のみに縮減した。山崎（2015b）は，1993年調査から2009年調査の間に，93年時点で地域の農地面積の維持に貢献していた上層農家の複合部門からの撤退や，経営耕地面積の縮小といった農業からの後退がみられると指摘したが，その一方で世帯員の定年退職を機に農業就業を増やすというケースがみられ，かつての中間層は農地を維持し，零細層はかつて貸し出していた農地を取戻すという状況が多くみられたとしている。そして農外勤務から定年退職した高齢世帯員を中心に，農外就業への傾斜を強める青壮年世帯員とも作業を分担しながら，かろうじて自作を維持する中間層の増加がみられたのである。こうした個別農家の作業負担の減少と中間層の増加から，集団耕作組合の田植機利用面積は増加していった。オペレータの動向についてみてみると，N集団耕作組合では，オペレータ労賃が高めに設定されていることや，集落内にある担い手会による熱心なオペレータの掘り起こし活動と若手の農機オペレータ育成により，オペレータを確保することができていた。「東北型」でオペレータの負担が特定の層に集中する問題があったが，「近畿型」では，特定の層への集中はみられなかった[2)]。先述の通り，オペレータを中心的に担うのが，「東北型」

2）「近畿型」地域労働市場下ではオペレータが確保されていると述べたが，オペレータ作業の集中が見られないという訳ではなく，組合の役員等の特定個人に集中するという状況は1993年，2009年ともみられた。特定の社会階層にオペレータ作業が集中する状態から役員にそれが集中する状態への形態転化と言える。

地域労働市場下においては，複合経営を営み，土建業勤務など比較的休みの取り易い農外就業先を持つ層であったが，「近畿型」では，常勤的な就業をしながら土日や有給休暇を利用して作業を行う青壮年や，リタイアした高齢者となった。この変化について次の二つの理由が考えられる。一つ目が，利用農家の利用目的の変化と補助作業が不要になったことでオペレータの日程が組みやすくなったということである。「東北型」でみられた農業所得確保のために農作業を委託し，複合部門との兼ね合いで都合の良い日程で作業を進めたいというニーズを持つ複合的専業農家は「近畿型」へ移行して以降徐々に減少し，2009年にはほとんどみられなくなった。また，コンバインの袋取り式からグレインタンク式への移行により，収穫作業補助員としての各委託農家からの出役が不要になり，委託農家と作業日程を合わせる必要もなくなった。これらのことから委託農家側の都合というよりオペレータ側の都合によって日程を組みやすくなったと考えられる。二つ目は，村内に存在する「壮年連盟」及び「担い手会」の性格変化である。「壮年連盟」及び「担い手会」の経年的な動向を述べた第６章をみても，地域労働市場の「近畿型」への移行とともに，その性格が「農民的利益の追求」から「農地維持」の役割へと変化したことが述べられている。そして，1980年代から壮年連盟自体が農業生産活動を行うようになり，農地維持を担うボランティア的性格を持っていたということから，「安定」兼業に従事する青壮年男子を積極的に農作業に取り込み，オペレータとして育成する余裕が組織として生まれ，それによってオペレータの確保がなされたと考えられる。

このように対象地域の稲作基幹作業受託組織は，それを利用し，運営している構成員の多くが第２種兼業農家であるため，地域労働市場の影響を強く受けた変化が確認された。そこで，「近畿型の崩れ」段階にあるとされる今日の組織にみられる変化を次節でみていこう。

4.「近畿型の崩れ」段階のN集団耕作組合

本節では，2019年農家調査と2020年10月にN集団耕作組合の元組合長K氏から聞き取った結果を基に，N集団耕作組合の2010年代の状況について記述する。

山崎（1996），山崎・佐藤（2015）では田植機利用面積と農業構造の関係が論じられた。**第5-1図**より，2010年以降の田植機利用状況を確認すると，1993年に乗用田植機の導入がなされてから増加傾向にあった田植機の利用状況は，2013年を境に近年減少傾向にあった。数値でみると2013年の利用面積は全部で28.51haであったが，2019年は23.19a とこの間に 5 haほどの減少がみられた。この減少の理由として，転作による水稲作付面積自体の変化や，利用者である農家の変化が考えられる。

まず，転作の状況を確認する。**第5-2図**は，N集団耕作組合の栽培品目別作付面積を示したものである。N集団耕作組合は，2006年より利用農家が管理できなくなった農地を借り受け，転作作物（大麦，大豆，ソバ）や米を栽培している。2013年から2017年にかけて米以外の作物は2.9haの増加がみられたが，それらは近年減少傾向にある。

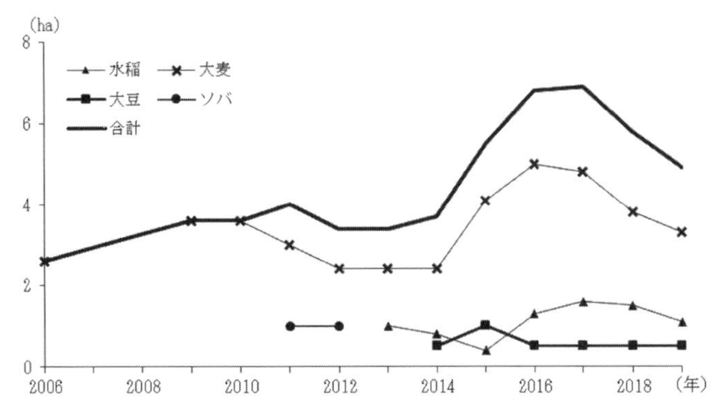

第5-2図　N地区営農組合（旧集団耕作組合）栽培品目別作付面積

（資料）同組合総会資料より作成。

続いてN集落における水稲作付面積の状況について確認する。それは，2013年39.43haで2015年に36.77haと2.66haの減少がみられたが，その後面積を増やして，2018年は40.53hになった。2013年から2018年の５年間をみても微増している。したがって水稲作付面積の変化では近年の利用面積の減少を説明できない。

そこで，利用者である農家の農業構造の変化を確認する。**第5-1表**は，1993年，2009年，2019年に３回連続して調査できた35戸の田植作業委託率の変化を示したものである。2009年から2019年の田植作業委託面積を比較すると，主な利用階層である中間層農家の委託利用面積・委託利用率ともに減少がみられる。この中間層の量的な減少（経営耕地面積の減少）と，質的な減少（作業委託率の減少）が，田植機利用面積の減少につながっているとみられる。2019年も，中間層に属するほとんどの農家は田植作業を委託していたが，いくつかの農家では田植を自前で行っており，彼らのほとんどが定年後の世帯主による作業であった。他の階層についてもみると，上層は作業委託利用率が増加している。これは，2019年上層の専業的な園芸・稲作複合経営農家が，田植作業をすべて委託するようになったためである。2009年の上層農家は，トラクターでの耕起やコンバインでの収穫作業の委託はみられたが，田植作業は上層３戸とも自家で行っていたため，この間に上層の稲作作業の省力化の必要が高まったことがわかる。一方で，2019年零細層も委託率が増加している。これは，基幹作業を外部化してでも，わずかな経営耕地を維持し続ける農家の存在を示している。しかし，そういった基幹作業を外部化し，

第 5-1 表　田植作業委託率の変化（1993，2009，2019 年）

（単位：面積（a），作業委託率（%））

	水田経営耕地面積				作業委託面積				作業委託率			
	上	中	零	全体	上	中	零	全体	上	中	零	全体
1993	1,332	766	149	2,247	469	688	78	1,235	35.2	89.8	52.3	55.0
2009	891	1,382	109	2,381	0	1,168	0.8	1,169	0	84.5	0.7	49.1
2019	678	1,051	81	1821	145	841	64	1,049	21.4	79.9	79.4	58.0

注：１）N 集落農家で，1993，2009，2019 年とも調査可能だった 35 戸が対象。
（資料）各年 N 集落農家調査　調査票より作成。

経営耕地を維持し続けている農家は，世帯主が60歳代前半の定年したてであるか，あるいは，青壮年男子の後継者がいた。N集団耕作組合は，兼業しながらある程度の農地を維持している中間層農家の基幹的農作業を軽減させる役割だけでなく，小さな農地であっても作業委託を行うことができるため，現在農業へ割く労力が不足していて作業ができなくとも，いずれ農作業を行う労力が増加する見込みがある零細層農家から農地を放出させないような役割があると考えられる。

次に，運営を行っていくための資金確保の状況を確認するために，2010年代の会計状況をみていく。集団耕作組合の収入源は，2006年に大麦栽培がはじめられるまでは，組合員から徴収する賦課金と，機械作業委託利用料金が主であった。山崎（1996）では，田植機利用面積の減少に伴って，機械作業委託利用料金による収入が減少し，組織として曲がり角に直面しているとした。しかし，その後，田植機利用面積の増加がみられ，山崎・佐藤（2015）では，当時のN集団耕作組合は，機械を更新するための原資が，機械作業委託の利用料金により十分に積み立てられているとした。2010年代の未処分利益金の集計値は2011年112万円，2019年123万円とこの間に増減はあったものの，この2点間を比較すると増加していることがわかる。会計の5項目を一つずつみていく。まず，一般会計の未処分利益金は，2011年は21万円で，増減はあるものの減少傾向にあり，2019年は3万円の赤字を計上していた。収入である賦課金は，戸数割は4,300円/戸であったのが2013年より3,000円/戸に変化し，面積割は500円/10aと同様であった。主な支出である役員報酬は，2011年は50万円であったのが2019年は58万円と増加した。K氏への聞き取りによると，支出の増加は，稼ぎ頭である転作作物の面積増加により，副組合長・係長を各1名増加させたことにより役員報酬が増加したためであり，一般会計では剰余金を出さないように戸数割の賦課金を引き下げたとのことで，剰余金の減少は組合の意図するところなのだろう。

トラクター会計は2012年より毎年赤字であり，2011年は32万円の未処分利益金があったが，2019年は137万円の赤字であった。というのも，収益の増加よりもトラクター更新による支出の増加が著しいためである。2019年時点でN集団耕作組合が保有しているトラクターは４台あったが，その取得年と取得金額別でいうと，1981年の674万円，1991年の726万円，2012年の735万円，2019年の734万円が各１台であった。1981年，1991年，2012年購入のトラクターについては，2019年までに償却済みであった。

一方，田植機会計は，2014年よりほとんど未処分利益金を出していない。2011年は45万円の未処分利益金があったが，徐々に減少し，2019年は14万の赤字を計上した。2019年時点でN集団耕作組合が保有している田植機は２台あったが，その取得年と取得金額別でいうと，1985年の46万円（歩行用１台），2014年の263万円（乗用１台）であり，さらに2020年にも363万円の乗用田植機を１台購入するということであった。

ここでトラクターと田植機の減価償却費をみると，トラクターは，2011年は27万円で2019年が143万円，田植機は，2011年は３万円で2019年は38万円とどちらも最近の機械の更新により減価償却費が高まり，2019年の赤字分と比べても減価償却費の方が高いことがわかる。このため，当面経営的には問題ないが，更新費用の積み立てという点でいうと，以前よりは余裕がなくなっているようにみえる。

一般会計でほぼ剰余金を出さず，トラクター・田植機会計で赤字を出していることがわかった。ここで，N集団耕作組合において利益を出しているのは大麦会計である。2011年の５万円だったのが，2019年は275万円と未処分利益金が大きく伸びていることがわかる。N集団耕作組合は，2011-12年はソバ，2013年以降は米，2014年以降は大豆を栽培していた。合計面積は，2017年の6.9haがピークで，2019年は4.9haであった。この栽培作物による収益が未処分利益金の増加につながっていた。この間にトラクター・田植機の作業利用料金の増加もなかったことから[3)]，N集団耕作組合は従来のような

3）トラクターの作業利用料金は耕起が3,800円/10a，荒代が2,000円/10a，植代が2,000円/10aであり，田植機の作業利用料金は乗用がオペレータ労賃込みで5,000円/10a。歩行用利用料が1,500円/10aである。

第 5-2 表　N 集落オペレータ出役農家戸数と年齢構成（1993，2009，2019 年）

（単位：戸，人，歳）

	オペ出役農家数と対象農家数（カッコ内）	年齢階層別オペレータ出役人数					平均年齢	最高年齢
		30 代	40 代	50 代	60 代	70 代		
1993	12（42）	1	4	4	3	0	52	67
2009	14（42）	0	4	6	4	0	55	68
2019	19（52）	3	5	5	5	1	52	71

注：1）N 集落農家で，1993，2009，2019 年とも調査可能だった 35 戸が対象。
（資料）各年 N 集落農家調査票より作成。

作業利用料金による収入ではなく，転作作物栽培による収益によって農機の更新や修繕を行っていこうとしていると考えられる。ここで注意しなくてはならないのは，大麦会計の収益のうち補助金助成金等が占める割合が小さくないということである。ここ５～６年は収益の３割から５割が補助金助成金等によるものであり，その意味では，純粋な農業経営的な組織というよりは，むしろ，土地利用型の転作作物の栽培により補助金助成金等を受け，それによって農地維持と組織維持を両立している組織といえよう。この，単なる作業受託組織から抜け出して実際に作物の栽培を行うようになったという変化は，組織が基幹作業を受託し，個別農家が管理作業を行うという従来の役割分担の変化によるものと考えられる。

次に，オペレータについてみていく。**第5-2表**に，N集落オペレータ出役農家戸数と年齢構成を示した。2009年調査でのオペレータの状況を1993年と比較すると，オペレータ平均年齢の３歳上昇と人数の増加がみられた。また，オペレータ１人あたり・調査農家１戸あたりオペレータ出役日数の減少がみられた。山崎・佐藤（2015）では，この減少を農業機械の高性能化にともなっての変化であるとしている。1993年調査時点で1,850円だったオペレータ労賃が2009年調査時点で1,950円に値上げされていたが，現在も1,950円で変わりなかった。2009年と2019年を比較すると，若手のオペレータが増加しており，10年で平均年齢が３歳若くなった。2009年は，オペ１人当たり４日/年，調査農家１戸当たり１日/年の出役であったのが，2019年は，オペ１人当たり６日/年，農家１戸当たり２日/年と増加がみられた。山崎・佐藤

(2015) では，前述のように1993年から2009年にかけては，農業機械の高性能化にともなって，オペ１人当たり，農家１戸当たりの出役日数が減少，オペの負担が軽減されていることが指摘された。2009年調査から今日に至るまで，農業機械の性能は向上こそすれ，低下することはないので，オペレータへの需要が増えていると考えられる。現に，2019年N集落農家調査での農家聞き取りによると，N集落では他集落へのオペレータの応援も行っているとのことであった。

2019年調査時点で，オペレータを主に担っているのは，水稲作を中心に行う上層農家，中間層に属する60歳以上の高齢者・常勤的農外就業に従事する青壮年男子が主であり，青壮年男子の中には，非年功的賃金水準の者も含まれている。

元々N集落は，オペレータの掘り起こし活動に熱心に取り組んでいる。山崎・佐藤 (2015) では，その取り組みとして３つあげており，①村営農組合が毎年９月に実施しているコンバイン・オペレータ研修会，②毎年11月にN集団耕作組合独自に行っているオペレータ研修会，③担い手会による勧誘である。年に１度であったN集団耕作組合独自のオペレータ研修会は，2019年度N集団耕作組合総会資料によると，近年，春に２回，秋に２回と回数を増やし，機械作業についての打ち合わせや研修を行っているそうである。これは，機械作業に不慣れな者の技術向上の機会となっており，自家で農作業を行わない，常勤的農外就業に従事する青壮年男子のオペレータ増加に対応するものとみられる。元N集団耕作組合長のK氏によると，これまでは，コンバイン作業に関しては，打ち合わせという形をとらず，作業の度に軽く慰労を行いつつ確認をしていたそうだが，現在はそれをなくし，作業日報をつけ引継ぎ事項を確認しているとのことであった。若手オペレータの増加と組織としての効率をより重視したことによる変化であると考えられる。

本節でみてきた「近畿型の崩れ」段階におけるN集団耕作組合の動向をまとめると，田植機利用面積の減少やさらなるオペレータの増加，また運営面では，主な収入源が組合の栽培作物の販売収入になったという変化がみられた。主な収入源が，作業委託料金から栽培作物の販売収入へと変化したことは，集落全体として自家農業による農地維持が困難になり，組合などの農業経営体の役割が高まっていることを示唆する（現時点では，収入に占める転作による助成金の割合が少なくなく，本来の経営体というよりは助成金を活用しながら組織や地域の農地を維持しているといえる）。一方で，組合の存在は，中間層や零細層農家の自家農業の維持にも貢献しており，山崎（他）（2018）が指摘した「衛星的な法人」としての役割をも果たしている。さらにオペの増加，特に若手の増加というのがこの期間に特徴的な変化であるといえ，組織は，打合わせ回数の増加や引継ぎの明確化等を行っており，オペレータ作業運営のシステムとしての効率化・高度化がみられた。これを農外の状況より考えてみると，兼業農家内の青壮年世帯員にとって追加所得を得る魅力が一層高まっていることを示していると考えられる。また，オペレータの増加は，非正規雇用者の出現・正規雇用者の賃金水準の低下と関連しているともみることができる。一方で，彼らの多くが自家農業に傾斜するのではなく，オペレータ作業へ参加するのは，山崎（2018a）で指摘された農業就業状況の非弾力的性格（「慣性」）によるものであろう。

5．M法人の動向

本節では，集団耕作組合の改組によって成立した村営農組合に並存する，基幹作業受託を行う農事組合法人であるM法人について，設立以降５年間の動向をみていく。設立の背景については先に述べた通りである。ここでは，次の４点について特に確認しておきたい。第１に，効率的な機械運用と機械台数の縮減についてである。効率的なコンバイン運用によって村全体で所有するコンバイン台数の縮減はどのように進んできたか，また，さらに他のトラクター・田植機作業の全村統一化は進んでいるのであろうか。第２に，オペレータの確保についてである。M法人設立当初直面していたオペレータ確保の困難化に対して，どのような対応をとってきたか，また，オペレータ数

第 5-3 表　M 法人コンバイン作業受託面積　（単位：ha）

年次	作物別受託面積				受託面積合計
	水稲	大麦	大豆	ソバ	
2016	213	32	29	13	287
2017	195	30	12	17	254
2018	199	30	12	16	257
2019	215	30	14	13	272

（資料）M 法人第１～５期通常総会より作成。

はどのように推移しているのだろうか。第３に，M法人の会計についてである。M法人は将来村営農組合に代位し，農機具を購入していくとされているが，そのための原資は順調に積みあがっているのであろうか。第４に，当初のM法人の主要業務とされていた農機作業受託の他に，農家の非農家化への対応としてどのような役割を担っているのであろうか。

そこで一つ目の，効率的な機械運用と機械台数の縮減についてである。まず，M法人のコンバイン作業受託の状況についてみてみよう。**第5-3表**は，M法人が作業を受託している作物の品目ごとの面積を表したものである。コンバインは前項で述べた通り，元々村営農組合において既に全村的な作業が行われており，M法人が集団耕作組合に代位する形で，水稲，大麦，大豆，ソバの作業を受託している。2019年をみると，水稲215ha，大麦30ha，大豆14ha，ソバ13haであった。作業受託面積の合計をみると，2016年は287haで，2017年は254ha，2018年は257haと一度減少したが，2019年には272haと再び増加，2016年を100とすると2019年の受託面積は，95とやや減少しているが，大豆の作業受託面積がおよそ半分になったことが要因であり，水稲についてみると，2016年と2019年とでほぼ変わっていない。N集団耕作組合でその利用割合をみてみると，M法人設立当初（2015年）のN集落水稲作付面積36.77haに対し，コンバインの委託作業面積は36.5haで99.2％，2018年は，水稲作付面積40.53haに対し委託作業面積は39.05haで96.3％の利用率であり，若干減少はみられるものの，N集落では，ほぼ100％コンバイン作業をM法人に委託していることがわかる。

しかし，この間の変化は，ただ単に作業実施主体が村営農組合からM法人に移行した点だけにあるのではない。山崎(他)（2018）では，1992年に全村収穫作業に移行した後も，集落単位の収穫作業が部分的に残っていたが，M法人設立以降は改められ，全村単一の指揮系統の下で作業が行われるようになったという点でM法人による全村的収穫作業は決定的な変化であったと指摘されている。全村的なコンバイン運行表を作成したのは，M法人が初めてのことであり，この表に基づいたコンバイン作業の統一化により，コンバイン運用の効率化がより一層進められるようになったとのことであった。このコンバイン運行表による作業は現在も引き続き行われており，機械台数の縮減も進んでいた。村で稼働するコンバイン台数は，法人設立前の2014年には，自脱型15台，汎用型１台の合計16台であったが，2015年には，自脱型13台＋汎用型１台の合計14台に縮減している。それ以降をみると，廃車と更新を繰り返しながら，2017年秋からは13台体制になっている。2018年総会資料によると，「当初水稲刈取を自脱型コンバインのみの計画でスタートしたが，最初より機械のトラブルが発生し，廃車予定の１台を代車として使用し，何とか乗り切ってきた」とのことである。その反省を基に，2017年より，自脱型13台体制での運行としたようだ。ただ2018年度は，麦刈り専用として，中型汎用コンバインを導入しており，倒伏等で，自脱で対応できない場合にのみ，汎用コンバインを使用することにするとのことである。「何とか」という表現からも，今後，自脱型コンバインの台数を13台より少なくすることは困難であるようだが，2014年の法人設立前と比べ，２台の減少となり，コンバイン台数の縮減，効率的な運行という点で着実に成果をあげている。

山崎(他)（2018）では，M法人の今後の方向性として，コンバインに続き，トラクターや田植機作業においても段階を追って全村統一的な指揮のもとでの実施が検討されている，ということが述べられていたが，その後も状況はそれほど変わっていないようだ。M法人が村営農組合から借り受けたトラクターや田植機を村内集落に貸し出すということはあるが，M法人が主体となってトラクター作業や田植作業受託を行うという段階には至っておらず，

第5-4表　M法人機械オペレータ人数　（単位：人）

	コンバイン	トラクター	田植機
2015年度	79	32	4
2016年度	84	51	13
2017年度	88	54	15
2018年度	81	56	15
2019年度	68	56	15

（資料）M法人事務局K氏提供資料より作成。

N集団耕作組合でもみたように，トラクター・田植機に関しては，未だ集団耕作組合での受託が一般的である。その一方で，山崎（他）（2018）では，M法人設立当初，農機の更新は，集団耕作組合ではなく，村営農組合で行い，集団耕作組合に対しては，農機を自分たちの判断によって自前で買わないように伝えてある，ともいわれていた。しかし，先程のN集団耕作組合のように，未だ農機購入原資が集団耕作組合にあれば集団耕作組合が自前でトラクターや田植機の購入や修理等を行っているのが現状である。

次に，オペレータの確保についてみていく。M法人は全地区からオペレータを募っており，**第5-4表**によると，コンバイン・オペレータは，2015年度は79人でその後増加し，2017年は88人となったが，ここ２年間は減少しており2019年は68人となった。この減少の背景に高齢化を見る必要はあろう。2019年のコンバイン・オペレータの年齢分布は，60歳代以上がおよそ半分弱であり，70歳代でもオペレータ作業を行っている者が存在した。定年退職後の高齢者は収穫作業に重要な役割を果たしているといえよう。M法人としては，今後いっそう若年層の育成に取り組む模様である。ちなみに，M法人のコンバイン作業は，2017年より補助者をつけての運行をしており，その登録者は，2018年は66名，2019年は81名と，順調に人数を増やしているようだ。トラクター・田植機に関してもM法人のオペレータが存在しているが，これはM法人が村営農組合から借り受けたトラクター・田植機を借りて集落内で作業を行うオペレータをM法人のオペレータとして登録しているということで，全村的に作業を行っているコンバインとは事情が異なっている。

オペレータが確保できている背景には，M法人が行っている若年層育成のための取り組みがある。それは，コンバイン・オペレータ研修会と大型特殊免許取得の助成である。かつて村営農組合が年に一度９月に行っていた安全教育や整備の仕方等の技術向上を目的としたコンバイン・オペレータ研修会は，現在M法人が引き継いで開催している。また，総会資料をみると，2017年から大型免許取得者に対して一人あたり２万円の助成を行っている。助成人数の推移としては，2017年は６人，2018年は４人，2019年は２人と，年々利用者は減少していたが，コンバイン作業には大型特殊免許が必要であるために，免許取得にかかる金額の個人負担分が減少することは，新しくオペレータを始める際のハードルを下げ，オペレータを増やすための一助となっていると言えるだろう。

次に会計についてみていく。M法人の会計について概説すると，村の農家による米，大麦，大豆，ソバの販売金額は，一旦，全てM法人による販売金額として会計上処理される。そこから，収穫作業料金，乾燥料金，運搬料，共済課金を差し引いたうえで，委託管理費に加えて従事分量配当として農家（構成員）に支払われる。M法人の収入は，村の農家による作物の販売金額のほかに，農機を使って行った作業料金や機械利用料金，作付助成金等がある。得られた収入は，先の形で農家へ支払われるほか，農機修繕費，燃料費，資材費，作業委託費（オペ労賃），保険費，役員手当，雑費等に支出されている。**第5-5表**は，M法人の設立から2019年までの損益分析を表にしたものである。営業損益は設立当初は赤字であったが，2018年685万円，2019年267万円と増加してきた。しかし，補助金などの営業外収益を算入した経常利益は設立当初4,467万円であったのが，2019年には3,110万円と1,357万円減少した。2019年の委託管理費は１億9,260万円で，従事分量配当は1,320万円だったので，この年に農家が受け取った金額は２億580万円であった。2015年の農家が受け取った金額は１億7,510万円だったので3,040万円増加したことがわかる。また，次期繰越剰余金は2015年1,093万円だったのが，2019年は6,970万円と年々順調に積みあがっている。減価償却費は，2015，2016年と96万円で，2017年は64万円，2018年に一度全て償却して０円になったが，再び2019

第 5-5 表　M 法人の損益分析　（単位：万円）

項目	内訳	2015 年度	2016 年度	2017 年度	2018 年度	2019 年度
売上高（a）		25,498	31,970	29,497	30,666	25,200
	水稲	19,561	25,808	23,737	24,504	24,406
	大麦	235	239	229	186	299
	大豆	153	157	205	108	177
	ソバ	356	210	336	327	293
	野菜	0	0	0	2	23
	機械作業収入	3,466	3,713	3,358	3,699	3,902
	機械利用料	0	424	266	406	396
	価格補填収入	1,725	1,414	1,366	1,433	2,067
売上原価（b）		29,272	32,172	30,508	29,612	30,891
	委託管理費（製造原価）	17,510	19,762	18,654	18,665	19,260
	減価償却費（製造原価）	96	96	64	0	274
売上総利益（c=a-b）		-3,745	-203	-101	1,178	7,788
販売費および一般管理費（d）		282	254	385	493	512
営業利益（e=c-d）		-4,057	-456	-139	685	267
営業外収益（f）		8,537	4,718	4,796	2,402	2,843
営業外費用（g）		12	2	0	0	0
経常利益（h=e+f-g）		4,467	4,259（5%減）	3,400（20%減）	3,088（9%減）	3,110（0.7%増）
特別利益（i）		0	385	0	0	0
特別損失（j）		0	0	0	0	0
税引前当期純利益（k=h+i-j）		4,467	4,644	3,400	3,088	3,110
法人税及び住民税（l）		412	484	298	358	300
当期利益（m=k-l）		4,055	4,159	3,102	2,729	2,809
前期繰越利益（n）		3	1,093	2,916	4,085	5,465
当期剰余金（o=m+n）		4,058	5,252	6,018	6,814	8,275
法定利益準備金		508				
従事分量配当		2,458	2,336	1,929	1,346	1,302
次期繰越剰余金		1,093	2,916	4,085	5,465	6,970

（資料）各年Ｍ法人第１～６期総会資料より作成。

年度は274万円となっている。山崎（他）（2018）の調査時点では，村営農組合の資金により機械を購入し，M法人が使用している機械は全て村営農組合から無償で借り受けたものであった。K氏への聞き取りによると，村では2019年度に1,150万円の自脱コンバインを２台購入したということだが，この機械よりM法人の資金での購入がはじまったとのことである。2020年度もM法人で２台購入予定とのことであり，今後もM法人による機械更新が続いていくことが見込まれる。これは農機具購入の原資が順調に積み上げられていることによるものであろう。M法人は，設立５年にして村営農組合の農機具購入の役割を代位し始めていた。

最後にM法人の現在と今後の役割について述べる。2019年よりコンバインの購入を開始したことから，次第に，村営農組合の機械購入の役割を代位していくとみられる。大麦等の作業受託を増加させ，新たな取り組みも行っているが，水稲作のトラクター・田植機作業に関しては，集団耕作組合が機械の購入から管理・運営まで行う状況に変化はなく，M法人による全村統一的な作業を行うような様子は現状みられなかった。2017-19年にカボチャ，2020年にスイートコーンのそれぞれ約0.5haの栽培・販売に取り組み，また二条大麦についても２haの栽培に取り組んでいるとのことで，一部，農業経営体としての機能もみられるが，それを今後の方向性として展望するのは，N集団耕作組合の転作作物栽培規模と比較しても，現時点では難しいようにみえる。むしろ全村的な収穫作業による効率化を実現している点，今後，農機具の購入を営農組合から代位していこうという点からも，M法人は作業受託組織としての性格を一層強めていくものと考えられる。

６．結論

本章では，対象地域の農業を支えている集団耕作組合，M法人の２つの農業組織についてその変遷，現状を地域労働市場の発展段階と関連させながら分析した。本章で明らかになったことをまとめると以下のようになる。

まず，集団耕作組合の変遷について。農地流動化が進まず，個別農家レベルでの稲作拡大が難しい状況下で設立され，「機械の共同化・省力化による生産性の向上と，集約的複合部門の強化」を設立当初の目的としていたが，1980年代，昭和一桁生まれ世代の高齢化や体力の限界と兼業深化が進行し，地域労働市場が「東北型」から「近畿型」へと移行する中で，従来の集団耕作組合は，専業・兼業農家双方にとって使い勝手が悪くなり，利用面積の減少につながった。また，稲作を維持する自作農に支えられ，自作農の維持を目的として設計された従来の「宮田方式」が特定の農家層にオペレータ作業が集中する過重労働の問題も生じた。そして，1990年代以降，基幹作業が全てオペレータ作業方式になると，農家がこれらの作業を委託する場合，水稲に関しては管理作業など限られた作業のみで済むようになった。上層農家の農業からの後退があり，農業で主な収入を得ている層でオペレータ作業を利用するケースは減少し，一方で高齢世帯主世代と常勤的な安定兼業に従事する青壮年後継者世代で自家農業を維持し，また農地を維持するためにオペレータ作業を利用する中間層が増加するという変化がみられた。「近畿型」の地域労働市場の下での農業構造の変化と，基幹作業が全てオペレータ作業方式になったことから集団耕作組合利用面積の増加につながったと考えられる。また，委託農家の都合よりもオペレータの都合で作業日程を立てられるようになったことに加え，オペレータの熱心な掘り起こし活動により，常勤的な兼業に従事する青壮年男子からもオペレータを確保できるようになった。

そして，「近畿型」が崩れつつある昨今確認される状況としては，個別農家の田植機作業委託利用面積の減少や，集団耕作組合による転作作物を中心とした作物の販売収入が主な収入源となったというような変化がみられ，これは，集落全体として自家農業による農地維持が困難になり，組合の農業経営体的な役割が高まっているということであると考察した。また，オペレータ，特に若手オペレータの増加がみられ，これは，雇用劣化により農外収入以外の追加所得を得ることの魅力の高まりによるものだと考えた。それに対して効果的にオペレータを取り込み，育成していくための組織の取り組みを確認することができた。

最後に全村的な稲作基幹作業，主にコンバイン作業の受託を行う農事組合法人M法人の現状について述べると，設立当初の目論見とは異なり，2019年調査時点では，大麦等の作業受託を増加させる等，新たな取り組みも行ってはいるものの，水稲作のトラクター・田植機作業に関しては，集団耕作組合が機械の購入から管理・運営まで行う状況に変化はなく，M法人による全村統一的な作業を行うような様子はみられなかった。ただ，M法人は，農機購入を代位するなど，全村的なコンバイン作業受託組織としての性格を，またN集団耕作組合はトラクター・田植機作業受託に加え，栽培作物の生産・販売といった農業経体営的な性格を強めるといったように，二つの組織はその役割がどちらかに統合されることなく，それぞれ違う性格を強めてきた。これが集団耕作組合とM法人が今日に至るまで並存している理由であると考える。

第６章　雇用劣化進行下における農地維持の担い手の展開論理

１．課題

農地が農業生産上，特に重要な生産手段であることは論を俟たない。農業の衰退が進み農地が減少する中，農地維持の重要性は増している。このことは条件不利性を抱えた中山間地域ではとりわけ深刻な問題となって現われる。中山間地域農業の問題について，小田切（2006）は人，土地，ムラの「空洞化」を指摘したが，その中でも人の空洞化を他に先立つ問題と位置付けて重視している。

人を労働力と捉えるならば，農業経済学では様々な議論が展開されてきたが，そのうちの１つは農外との関係＝労働市場に注目する地域労働市場論である。後に詳しく見るが，この論の中には青壮年男子の農外就業について年功賃金制での就業が支配的である「近畿型地域労働市場」[1)] を前提としながら，中山間地域ではボランティア的な農作業によって農地が維持されるとする見解がある。

では労働市場構造が変容して「近畿型」ではなくなった場合，農地維持の担い手はいかなる論理によって活動を展開するのだろうか。それとも農地維持活動は行い得ないのか。こういった疑問を呈するのは，1980年代以降の非正規雇用労働者の増加（伍賀 2014）や，1995年の日経連『新時代の「日本的経営」』において宣言された労働力の選別という，雇用劣化[2)] と呼びうる

１）「近畿型地域労働市場」，「東北型地域労働市場」，「切り売り労賃」の語については第１章を参照されたい。

２）筆者は第８章において，1980年代以降に労働市場全体で進んできた労働者を単純労働従事者と複雑労働従事者とに選別する傾向の強化を雇用劣化として，農村における雇用劣化の進行を指摘している。

状況が発生しているからである。そして，本書で既に見てきたように，実際に「近畿型」は崩れているからである。

本章は，中間地域であり耕作放棄地率が低い宮田村において，農地維持の役割を果たしている「壮年連盟」とその集落組織の１つである「N担い手会」を事例として，雇用劣化が進み近畿型が崩れる中でそれらが農地維持活動を展開する論理の解明を課題とする。「N担い手会」が活動するN集落では本書で取り上げている集落調査が行われており，そこから得られた青壮年男子農家世帯員の就業状況に関するデータを用いることができるために対象とした。その際，対象地域における労働市場構造の変遷過程すなわち段階を整理して視座とする。なぜ労働市場構造に着目するかというと，壮年連盟・担い手会は兼業農家[3)]の男子青壮年をメンバーとする組織であるため，その活動には労働市場の状況が強く影響すると考えられるからである。壮年連盟に関する調査は壮年連盟事務局（JA上伊那宮田支所）を対象として2009年11月に聞き取り調査，2020年８月に文書での照会を行った。また，N集落の男子賃金構造に関しては第２章の成果及び2009年９月並びに2019年９月に東京農工大学農業経済学研究室が中心となって実施した集落調査の結果を用いた。この調査の詳細は第３章と第４章を参照されたい。N担い手会については，2009年集落調査の際に代表者である会長（当時）に対して聞き取りを行い，2019年の集落調査時に同一人物から現況を聞き取った。

２．先行研究の検討と論点整理

山崎（他）（2018）は長野県上伊那郡を事例に，「近畿型」の下での農業生産にあたって青壮年男子を常勤者として確保する場合には，農外企業に並ぶ

３）引用文献（筆者によるものを除く）と農林業センサスに関する記述を除いて，本章では農林水産省の定義上は土地持ち非農家であっても世帯員が何らかの形態で農業生産に従事する世帯を含めて兼業農家とする。その理由については第１章注１）を参照。

高い就業条件を実現することが求められ高付加価値生産[4)]を実現する必要があるものの，中山間地域ではそのことと条件不利な農地の維持との両立が困難であるため，農業生産の担い手は前者を追求する主体と後者を担う主体とに分化し，後者は農外企業を定年退職した比較的高額の被用者年金を受給する高齢者によるボランティア的活動になるとした。

宮田村では，1つの主体が付加価値生産追求と農地維持を担う体制が目指されてきたものの，後者の役割が経営展開上の重荷になっている（山崎(他) 2018)。こうした状況下にある宮田村において，農地維持の役割を果たしてきた団体が壮年連盟・担い手会である。壮年連盟・担い手会は年功賃金制の下，農外で就業する兼業農家の青壮年男子がボランティア的に遊休農地における農業生産に従事することで，農地維持を実現している（氷見 2017)。

山崎(他)（2018）は「近畿型」を，付加価値生産追求と農地維持の両立が困難であることの要因とし，そして，農地維持を担う高齢者の経済的基盤（＝被用者年金[5)]）としても位置付けている。それに対して氷見（2017）は兼業農家の青壮年男子のボランティア的活動従事が可能となる要因としている。このように両者は異なる見方をしているが，相対的に高い就業条件と比較的安定した雇用という「近畿型」の労働市場構造を前提とする点は共通し

4）「付加価値＝剰余価値（役員報酬，利益，借地料，利子，税の合計）＋労賃」（山崎(他) 2018：p.34)。ただし壮年連盟と担い手会に役員報酬及び利子支払いは存在しない。

5）被用者年金の年金額は加入期間と平均標準報酬額（≒賞与を含む加入期間の平均賃金額）によって決まる。よって「相対的に恵まれた被用者年金」（山崎(他) 2018：p.32）の受給権があることは，比較的高い賃金水準で就業していたことを意味する。そういった年金受給権を有する高齢者が地域の農地維持の担い手として期待できる，すなわち層として存在しているという事実は，対象地域の農外就業は年功賃金での就業が支配的であったこと，つまり「近畿型」であったことの現われである。このことから「近畿型地域労働市場」は，そこでの農外就業を通じて農業生産の担い手を分化させる要因であると同時に，農地維持の主体における高齢者によるボランティア的農業従事の成立条件を形成する可能性がある。

ている。

こういった見解に対して問題提起しなければならないことは，雇用劣化の進行によって「近畿型」が崩れている状況を反映する必要があるのではないか，ということである。というのは，第１章で既に論じられているように，そして筆者が第８章で宮田村と同じ上伊那郡に属する中川村を事例としながら農村においても雇用劣化が進んでいることを指摘したからである。もはや「近畿型」を前提とはできない状況下において，いかなる論理によって農地維持の担い手が展開するのかを解明することが必要であると考える。

それにあたっては，現時点で優先して分析対象とすべきは青壮年男子のボランティア的活動である壮年連盟・担い手会であると考えられる。雇用劣化は1980年代以降に徐々に進んできた現象であり，対象地域においては第２章で論じられているように，そして本章における後の賃金構造分析に見るように2008年中の宮田村は「近畿型」であることが判明していることから，その後に明確な形で進行したといえる。そのため，被用者年金を受給する高齢者への雇用劣化の影響は現在のところ限定的と考えられる。それに対して，壮年連盟・担い手会の会員は青壮年であるから現在進行形でその影響を受けているものと想定される。したがって壮年連盟・担い手会を分析対象とすれば，宮田村においても雇用劣化が進んでいるならば，それが農地維持活動に対してどのように影響しているのかを検討しうる。

なお**第6-1表**には経営耕地面積，耕作放棄地面積と経営耕地面積に対する耕作放棄地面積の比率を示している。これによると宮田村の耕作放棄地率は都府県や長野県と比べて低い。これは宮田方式による農業振興とその下で展開する各種主体による農業生産の結果である。壮年連盟・担い手会はそのうちの１つであり，宮田方式のうち土地利用計画と地代制度の下で農地を確保している。また，農外企業を定年退職後に借地によって自家農業の規模拡大を図る動きもある（山崎 2013）。

以上より，分析にあたっての論点は雇用劣化の進行を宮田村でも確認しうるかの検討と，壮年連盟・担い手会の活動と労働市場構造との関係の解明で

第6-1表　経営耕地と耕作放棄地の推移　（単位:ha, %）

年次	経営耕地面積（ha）			耕作放棄地面積（ha）			耕作放棄地率（%）		
	都府県中山間	長野県中山間	宮田村	都府県中山間	長野県中山間	宮田村	都府県中山間	長野県中山間	宮田村
2000	1,088,991	48,852	385	110,158	7,610	8	9.2	13.5	2.0
2005	1,038,938	46,434	438	195,517	11,784	7	15.8	20.2	1.6
2010	1,022,158	45,832	401	207,557	11,696	7	16.9	20.3	1.7
2015	946,682	45,223	416	221,712	11,623	8	19.0	20.4	1.9
2005～15変化率（%）	-8.9	-2.6	-5.0	13.4	-1.4	14.3			

注：１）表頭「経営耕地面積」は，2000年は総農家，2005年以降は農業経営体と自給的農家の値の合計であり必ずしも接続しない。2005年以降を農業経営体と自給的農家の値の合計としたのは，法人経営の伸張を考慮したからである。また，出入り作の面積が考慮されていないことに留意されたい。
２）表頭「耕作放棄地面積」は全て総農家と土地持ち非農家の値の合計である。
３）表頭「耕作放棄地率」は「耕作放棄地面積」を「経営耕地面積」と「耕作放棄地面積」の和で除して百分率で表示した値。
（資料）各年『農林業センサス』（農林水産省）より作成。

ある。なお，後者に関しては，壮年連盟・担い手会は70年を超える歴史を有するため「近畿型」以前の労働市場構造も検討の対象とするが，これについては第２章の成果を援用する。

３．地域労働市場構造の変遷

第２章では宮田村の地域労働市場構造が，1975年時点では「切り売り労賃」が層として存在する「東北型」であったが，1983年になるとその層は薄くなり，1993年には「切り売り労賃」はもはや例外的で年功賃金が支配的な「近畿型」となったことを明らかにし，対象地域における「近畿型」への転換時期を1980年代後半から1990年代前半と特定した。

2009年と2019年の調査結果については第２章および第３章で分析をおこなっているが，青壮年に限定して比較を行う必要があるため本章で改めて取り上げる。**第6-1図**は2009年と2019年中のN集落の男子賃金構造である。ただし，担い手会の会員になれる25歳以上かつ定年年齢前である61歳未満のみ

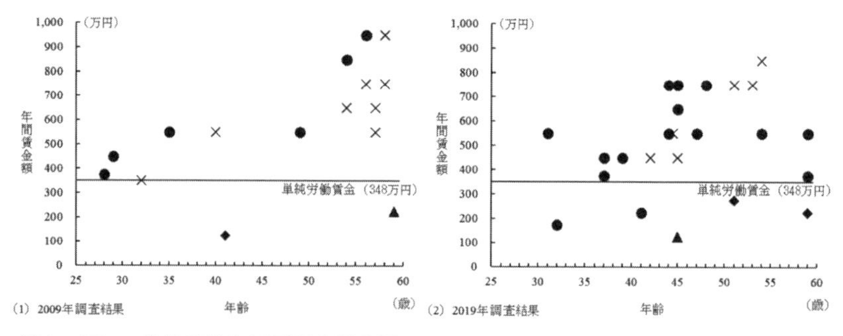

第6-1図　N集落青壮年男子賃金構造図

注：1）凡例：×公務員・団体職員，●正社員，◆契約社員，▲パート・アルバイト。
2）各人の税込年間賃金額を13階層から選択させたうえで，各階層の中央値を賃金額とした。最低階層は100万円未満で該当者なし，最高階層は900万円以上でこれを選択した者は950万円とした（2008年２人該当）。
3）それぞれ前年中の賃金実態である。そのため年齢は調査時点から１歳減じている。
（資料）2009年及び2019年に実施した聞き取り調査より作成。

表示した[6)]。2009年調査の該当者は17人いたが，そのうち１人は健康上の理由で通常の就業が不可能であるという事情があるため除外し（図示もしない），16人を分析対象とした。2009年調査対象者のうち９人が61歳以上となって図示の対象から外れ，１人は他出したため2019年には調査対象とはならなかった。2019年の該当者は24人であり，そのうち６人は2009年にも登場している。したがって2019年調査に新規に登場した者は18人である。なお，分析にあたっては単純労働賃金上限額を348万円と設定した[7)]。

2009年の分析対象となる16人のうち単純労働賃金上限額を下回る者は32歳，41歳と59歳の３人であった。このうち30歳台の者は公務員であり年功賃金体系の下にあり，将来は単純労働賃金上限額を超えることが予想される。50歳台の者は早期退職によって現在の就業となった。40歳台の者はかつて別の企業に管理職として勤めていたが，リーマンショック後に転職したことで契約

6）『平成29年度就労条件総合調査』（厚生労働省）によると，一律定年制を定めている企業は97.8％であり，そのうち60歳を定年年齢としている企業は81.1％である。

社員となった。以上のように，2009年における単純労働賃金上限額未満での就業者は16人中２人（13％），早期退職者を除けば１人（６％）のみであり例外的な存在といえた。

次に2019年であるが，2009年と同様に単純労働賃金上限額との比較を行うと，それを下回る者は正社員２人，契約社員２人，パート１人の計５人となった。このうち正社員２人は，過去５年以内の転職者である点が共通している。転職後の賃金額が単純労働賃金上限額を下回ること，つまり前職の経験が賃金額に反映されていないことを考えると，現職が年功賃金体系に乗る就業とは考えにくい。残る３人は非正規雇用であり年功賃金体系に乗らないことは明らかである（うち１人は早期退職者）。したがって単純労働賃金上限額未満での就業者は24人中５人（21％），早期退職者を除いても４人（17％）であり例外的な存在とはいえなくなっている。

ここで単純労働賃金上限額未満の正社員２人と，単純労働賃金上限額を超える正規雇用者19人と比較すると，後者では過去５年以内の転職者が45歳公務員のみである。氷見（2020a）では，長野県中川村の農家男子青壮年において年功賃金のグループでは転職が見られないのに対して，単純労働賃金上限額を下回るグループでは正規雇用であっても転職が例外とはいえない頻度で見られたことから，地域労働市場における雇用劣化を指摘した。2019年のN集落農家男子青壮年における，単純労働賃金を境とした転職者の頻度の差

7）氷見（2020a）では，厚生労働省『建設・港湾運送関係事業の賃金実態』2004年版における長野県男子軽作業員賃金の日給11,940円に年間就業日280日を乗じて年間賃金額334万円を求め，対象年にかけて『賃金構造基本統計調査』（厚生労働省）で賃金上昇が無視できるぐらいに小さいことに着目し，消費者物価指数（総合）の上昇2.7％を加味した343万円を単純労働賃金として設定した。同じ方法で2008年と2018年の年間賃金額を計算すると2004年からの変化は，賃金は2008年０％，2018年1.1％の上昇，消費者物価指数（総合）は2008年1.4％，2018年4.2％の上昇であった。それぞれ物価上昇のみを加味する（2018年は実質賃金の下落を度外視する）と348万円と357万円となる。分析の煩雑さを避けるため，より低い2008年の348万円を単純労働賃金上限額とした。

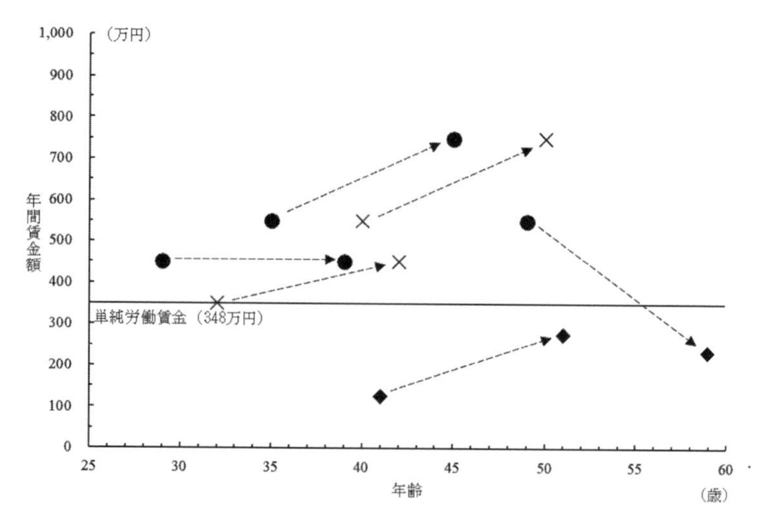

第6-2図　同一人物における2009～2019年の変化

注：1）凡例：×公務員・団体職員，●正社員，◆契約社員。
　　2）各人の税込年間賃金額を13階層から選択させたうえで，各階層の中央値を賃金額とした。
　　3）矢印は2009年から2019年への移動を示す。
　　4）始点・終点それぞれ前年中の賃金実態である。そのため年齢は調査時点から１歳減じている。
（資料）2009年及び2019年に実施した聞き取り調査より作成。

異は氷見（2020a）の指摘と整合的である。

対象地域における2009年以降の雇用劣化が示唆されたので，この点をさらに検討するために2009年と2019年に共通して登場する６人（2009年時点：公務員２人，正社員３人，契約社員１人）を抜き出したものが**第6-2図**である。公務員の２人は両名とも雇用形態は変わらずこの間に賃金額が上昇した。2008年正社員のうち１人は早期退職により契約社員となり賃金額は半減した。２人の正社員の雇用形態は変わっていないが，１人は賃金額が200万円増加したのに対して，１人は変化していない。単純労働賃金を上回っているとはいえ，賃金額が上昇しないことは「近畿型」では想定されていなかったことである。そして契約社員の１人は2019年になっても契約社員のままである。この人物は先述したリーマンショック時に管理職を辞して転職し，契約社員になった者である。賃金額は増加しているが，2009年は年次途中での入職であったために年間賃金額が低かったのであり，昇給によって増加したわけではない。管理職に出世した者でさえ，非正規雇用になってしまうと正規雇用に戻ることはなく，単純労働賃金上限額未満での就業を続けざるを得ないのである。なお，公休日は週休２日のみで年間就業日数は260日以上あり，私生活や自家農業を重視して非正規雇用を選択しているとは考えにくい。実際に，この間に自身の経営耕地面積を199ａから155ａへ減少させている。労働者を複雑労働従事者と単純労働従事者に分化させる雇用劣化の影響ゆえに，現在の状況に留め置かれていると考える方が自然であろう。

以上から，2019年は雇用劣化が進行中であり「近畿型の崩れ」の段階にあると言えよう。

以上を整理すると，宮田村の労働市場構造の段階は①「東北型」の1970年代，②「東北型」から「近畿型」への移行期である1980年代，③「近畿型」の1990年代～2000年代，④「近畿型の崩れ」の2010年代の４段階を措定できる。

４．壮年連盟と担い手会の展開過程

１）壮年連盟

壮年連盟は，1948年に壮年男子農家世帯員の親睦の場として結成された「二十日会」が発展する形で，村と農業の発展を目的として翌年に発足した。発足以来，壮年連盟の主な事業は米価運動や米の集荷協力，野菜の即売会，厚生大会（スポーツ大会）であった。この時期の壮年連盟は，それ自体が農業生産の担い手になっていたわけではなく，米価運動を中心とする農民的利益を追求するための政治活動を主に展開していた。

1980年代になると，こうした事業が変化し始める。1981年には転作田の活用としてさつまいもの栽培が開始され，その２年後には「実践圃場」（壮年連盟本会が直接管理する圃場で村内の遊休農地だった農地）での水稲作が始

第6-2表　壮年連盟の作付面積

	地区名	団体名	作付面積（10a）		
			2008年	2009年計画	2019年
本会加入	A区	A支部	水稲66	水稲77.1	—
	B区	B支部	水稲27	水稲26.7	—
	C区	C支部	水稲16	水稲67，ソバ9	—
	D区	D支部	水稲21	水稲20.7	—
	E区	E支部	水稲7	水稲15.6	—
	実践圃場	（本会直轄）	水稲2	水稲2	—
	合計		水稲139	水稲147，ソバ9	水稲180
本会未加入	N集落	N担い手会	—	水稲17	水稲38
	F集落	Fグループ	—	水稲9	—
	B区	B有志の会	—	水稲27，ソバ23	—
	合計		—	水稲53，ソバ23	—
総計			—	水稲203，ソバ32	—

注：1）「—」は未回答項目又は壮年連盟事務局では把握していない項目。
（資料）2009年及び2020年に実施した調査より作成。

まった。さらに1984年に営農組合[8]の秋作業への協力が開始され，そこから3年後の1987年には地主が自身では作業できない農地の畦畔除草請負が始まっている。こうして1980年代に壮年連盟自身が農業生産の担い手となった。それは転作田や遊休農地における生産であり，農地維持の担い手の役割そのものである。そのことはJA伊南・JA長野開発機構報告書（1995）が指摘した，1993年調査時に「水稲受託田」53.7haのうち約10haが壮年連盟によって組織されたグループによって借地されていたことに示されている。

その後，壮年連盟の作付面積はさらに増大した。**第6-2表**には2008年，2009年と2019年の作付面積を示した。本会に加入している5つの支部と実践圃場の作付面積は2009年水稲15haとソバ0.9haの計15.9haあったが，2019年には水稲のみ18haへ拡大した。これは宮田村の経営耕地総面積の4％であり，仮に壮年連盟の作付面積が全て耕作放棄地になったとすると，2015年センサスの数値を用いるならば宮田村の耕作放棄地率は6.1％になる。このように

8）ここでの「営農組合」とはコンバイン作業を全村一元的に実施することを目的として設立された組織であり，現在の宮田村営農組合の前身の1つである。宮田村における稲作作業組織の変遷については，山崎（他）（2018）参照。

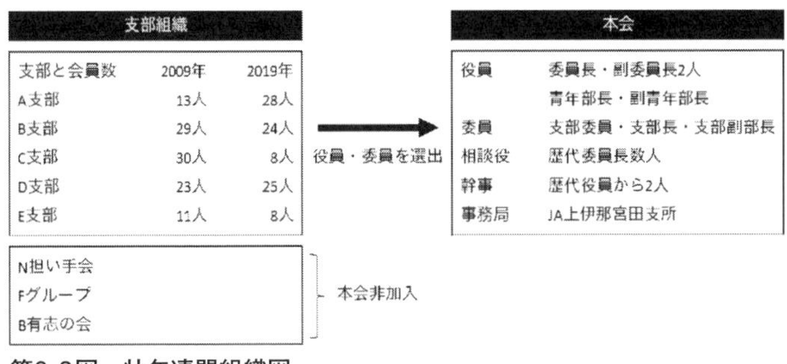

第6-3図　壮年連盟組織図

（資料）2009年及び2020年に実施した調査より作成。

壮年連盟は農地維持に多大な貢献をしている。そして壮年連盟の農作業は農地を維持することに加えて年配の会員が若い会員へ技術を指導する機会となっている。

現在の活動内容は，集落単位で行われる農業生産，村やJAが行うイベント参加[9)]，実践圃場における農作物栽培[10)]，宮田村営農組合が実施する作業への参画，村理事者・JA役職者等との懇談会の実施である。また，農業生産によって得られた利益を用いて研修旅行，親睦のための厚生大会や忘年会を開催している。さらに，村内の小学校と提携して農作業体験や給食への野菜提供といった食育活動も行っている。なお，2019年には結成70周年記念事業を行った。

第6-3図は壮年連盟の組織図である。壮年連盟は５つの支部と本会から成り，支部組織は各集落に置かれている。N集落とF集落の２つの集落の組織とB区の「有志の会」は本会には加入していない。N集落が本会に加入していない理由は後述する。B区「有志の会」はB支部とは独立に行動したい意向のため未加入であり，F集落については不明である。本会加入の５支部に

9）リンゴ・オーナー契約会・収穫祭，盆花市，JA宮田支所祭へ参加している。なお，リンゴ・オーナーとは都市住民や地域の非農家住民がリンゴ農家と木の本数単位で契約し実を自ら収穫する取組みである。
10）2008年には水稲の他に野菜や花卉の作付けが行われた。

所属する会員は全体で2009年106人，2019年93人となったが全ての支部が減少したわけでなく，A支部とD支部では増加した。この中から本会組織の役員を選出する。会員は20歳台から60歳台までで，職業は会社員，公務員，JA職員，自営業者など様々であり，兼業農家の世帯員である。会員が壮年連盟に支払う負担金3,500円（年額）は壮年連盟の活動資金の一部となる。

2）N担い手会

ここまでは壮年連盟全体について述べてきたが，ここでは集落単位の活動について検討しよう。対象事例はN集落で活動を展開するN担い手会である。N担い手会は，現在は本会に加入していない。2007年までは加入しており壮年連盟N支部として活動していたが，会員数の減少に伴い本会へ役員を送ることが難しくなったことから支部としては解散して現在の姿となった。壮年連盟については本会を中心に組織体制と活動内容を明らかにしたので，集落単位の活動については非加入集落の実態を探るためにN担い手会を対象事例とした[11)]。

N担い手会の活動内容は**第6-3表**のとおりである。水稲圃場は担い手会会長の名義で借地している。条件の悪い圃場が多いという。畦畔管理はN集落営農組合[12)]から依頼されている。N集落営農組合を通して圃場を貸付ける場合，畦畔管理は地主実施が原則だが，不可能な地主の圃場については担い手会が行っている。

付加価値は労働時間と作業内容によって配分する。時間あたりで850～3,700円，平均すると概ね2,000円で，これはN集落営農組合の１時間1,950円の労賃よりも高くなるという。出役の多い会員の場合，年間30万円程度の受け取りとなる（2018年）。

作業は基本的に週末に行う。スケジュールは事前に示され，仕事等で都合

11）なお当該組織の2009年調査時の状況については，山崎・佐藤（2015）。

12）N集落営農組合とは宮田村営農組合の集落組織であり，集団耕作組合を前身としている。

第6-3表　N担い手会概要

	2009年	2019年
会員数	18	24
会員年齢	20代後半～50代前半	20代後半～60代後半
作業内容	水稲 1.7ha 畦畔管理 2.6ha	水稲 3.8ha 畦畔管理 2ha
今後の意向	親睦団体であり無理はしない。	経済団体なので割りに合わないことはしない。徐々に拡大することは可能。

（資料）2009年9月，2019年9月に実施した聞き取り調査より作成。

の悪いときは自分の担当分を前日に実施しても良いことになっている。水管理は当番制で１週間交代となっており順番はくじ引きで決める。ただし重要な時期はベテラン，それ以外は若手会員になるようにくじを設定する。出役は年間十数日程度の人が多い。

第6-3表に示した農業生産以外の活動にはN集落で実施している納涼祭への参加がある。納涼祭は，元々は担い手会主催であったが，会員数が20人を下回りN担い手会として実施することが労力的に困難となった2009年から，N集落区が実施することになった。会員数が増加した現在でもN集落区が主催している。

再び**第6-3表**を見ると，会員数・作業面積共に2019年では増加している。会員数の増加については，地域の集まりの場における若い人の勧誘と，高齢の人にも続けてもらうことの２つに取り組んだという。

作業面積については，畦畔管理の面積は0.6ha減少しているものの，水稲作付面積は2.1ha増加している。これは付加価値確保を目指したことの結果である。2009年に担い手会会長を務めていた会員は「営農組合からは畦畔管理のみを頼まれるが，その受託料のみでは労力に見合わないので米作りをすることになった。経済団体なので割に合わないことはしない方針」と回答している。この点に関して，2019年は2009年と比べて会員数が増加しているにもかかわらず，労賃の平均額と最高額は変わっていない（前者５万円程度，後者30万円程度）ことから，個々の会員の出役日数は減っていないと判断できる。つまり会員増加によって補充された労働力は，出役負担軽減ではなく担い手会の作業面積規模拡大のために振り向けられた。担い手会元会長が「経済団体」とする理由である。

今後の意向については，担い手会としては圃場も畦畔管理も徐々に増加する場合には対応可能だが一度に大量に依頼されると困る，としている。

5．労働市場構造の段階に応じた壮年連盟・担い手会の活動の変化

本節では壮年連盟及びN担い手会の展開過程を，地域労働市場構造の段階，すなわち①「東北型」段階，②移行期，③「近畿型」段階そして④「近畿型の崩れ」の４段階と対応させながら検討しよう。

1980年代まで宮田村の地域労働市場構造は「東北型」であり，多くの農家世帯員の農外就業は「切り売り労賃」水準での就業であった。そのため，農業所得は再生産に必要不可欠であり農業構造は兼業滞留構造となっていた。こうした状況下では自家農業の所得増大が会員である兼業農家の利益になる。その一方で，兼業滞留構造であるから農地維持（農業生産の担い手不足）は問題とはならない。それゆえ，農民的利益の実現を目指す政治活動を展開していたと考えられる。

その後1980年代から壮年連盟は農業生産を行うようになり，政治活動は後退する。このことの直接的な要因は，1981年から始まった地代制度により農地の流動化が促進され借地が容易になったために，壮年連盟が農地を確保・利用できるようになったことである。しかし，地代制度があろうとも農地の供給がなければ借地しようがないのであるから，地代制度の開始のみでは壮年連盟による農業生産を説明できない。また，農地が供給されたとしても，耕作を引き受ける主体が存在するならば壮年連盟が借地して農業生産を行う必要はなく，やはり説明にはならない。

では，農地の供給と耕作を引き受ける主体の不在は何によってもたらされ

たのか。それは労働市場構造の転換である。1980年代は宮田村の労働市場構造が「東北型」から「近畿型」に移行する時期である。このとき，年功賃金での就業が一般化していく中で，農業所得を必要としない兼業農家が増加していった。また，農外の高い就業条件は，農業の労賃評価を高くしたために上層農の形成は困難となり，農外就業に傾注する兼業農家が放出する農地の受け手は不在となった。こうして，壮年連盟・担い手会に要求されることはもはや農民的利益の追求ではなく，それよりも農地維持の役割を求められるようになっていった。

そして，大部分の兼業農家が農業所得を必要としなくなった以上，壮年連盟・担い手会への参加目的としては出役労賃の稼得よりも，むしろ地域の農地維持に携わることの満足感や会員同士の交流といったことが重視されていたと考えられる。このことは2009年におけるN担い手会会長の「親睦団体」という表現に端的に現れている。こうして壮年連盟・担い手会の農業生産活動はボランティア的性格を帯びるようになったと推察される。

さて，ボランティア的性格が「近畿型」の下で成立するものであれば，それが変容するならば壮年連盟・担い手会の活動の性格もまた変わることになろう。対象地域で雇用劣化が進行中であることは既に指摘したが，こうした状況下では出役労賃の稼得という参加目的が全面に出てくると考えられる。というのは，単純労働賃金上限額＝348万円を下回る賃金水準の者にとっては，年間で最大30万円程度になる出役労賃は農外収入の１割かそれを超える規模の収入となるからである。そして，2009年に非正規雇用になった者が10年後も非正規雇用のまま，単純労働賃金上限額未満の賃金水準で就業を続けていることに現れているように，この賃金水準の者の就業条件が将来的に改善する見込みは低く，出役労賃の必要性は今後も存在すると考えられるからである。また，現時点では単純労働賃金上限額を超えている者にとっても，こうした状況すなわち雇用劣化が現実の脅威として眼前に迫っている以上，それへの備えとして追加所得稼得の機会＝セーフティネットを確保しておくことが合理的となるからである。壮年連盟とN担い手会の作付面積拡大，そして，かつてN担い手会を「親睦団体」と称し「無理はしない」と述べた当時の会長が，その10年後に「経済団体」「割に合わないことはしない」と回答して付加価値生産重視の姿勢を見せたことの背景には，雇用劣化進行による追加所得の必要性の増大があると考えるべきである[13)]。こうした理由により，壮年連盟・担い手会のボランティア的農業生産活動は付加価値生産を重視する経済的農業生産活動の要素を強めたと判断できる。

以上の2010年以降における壮年連盟・担い手会による農地維持活動の経済的農業生産への変容の説明に対して，雇用劣化によって兼業農家において追加所得の必要性が増大しているならば，なぜ自家農業への回帰ではなく壮年連盟・担い手会への参加なのか，という指摘が予想される。この点について論じておこう。まず，兼業農家の農業就業には農業が生産手段を扱う事業であるが故の非弾力的性格があるために，一度離農・縮小してしまうと，農外就業状況が悪化したからといって農業生産を再開・拡大することは容易には行い得ないという事情がある（山崎 2018a)。宮田村では1980年代に地域労働市場構造が「近畿型」へ転換した。そのため，現在の青壮年の親世代は農外就業に傾斜してきたため自家農業の従事経験が少なく，子世代への技術継承が十分には行われていない。また，土地を手放してきたため，これから自家農業を展開することは困難になっている。さらに，相対的低賃金就業のあり方の変化を指摘できる。かつて見られた「農村埋没型」（田代 1975：p.39）企業での就業は切り売り労賃での就業であったが，その代わりに企業は農家の自家農業就業に配慮した妥協的な勤怠管理を行っていた。ところが，

---

13) 2016年の宮田村村議会第２回定例会では壮年連盟についての議論がなされ，非農家が農業体験を目的として壮年連盟に参加していることが報告された（https://www.vill.miyada.nagano.jp/government/pages/root/village_assembly/10480-39/10480-049/10480-062/12503，2021年２月10日確認)。本文中で言及したこととも関連するが，単に農業体験の場を提供するだけであるならば，壮年連盟は会員の負担軽減にはならないどころか，場合によっては負担が増大しさえする作付面積の拡大には取り組まないはずである。付加価値生産の追求も同時に目指されたと考えるべきであろう。

今日の相対的低賃金の就業はフルタイム・常勤であり，企業は兼業農家の農作業に配慮しないため自家農業の継続が困難になっている（氷見 2018）。このことは，10年間非正規雇用を続けてきた会員が自家農業の面積を減らしたことに示されており，宮田村においても企業は非妥協的になっていると考えられる。こうした事情があるために，追加所得を得ようとしても自家農業には容易に回帰できないのである。

対象地域では雇用劣化が進む中，兼業農家世帯では追加所得の必要性が増している。しかし，農業就業の非弾力的性格に加えて，農外企業の兼業農家世帯員に対する非妥協的な態度が彼らの自家農業への回帰を妨げている。壮年連盟・担い手会はこうした兼業農家を取り巻く矛盾を緩和する役割を果たしている。すなわち，壮年連盟・担い手会は農業の重要な生産手段である農地を確保している。そして20歳台後半から60歳台までの会員が参加しており，若い会員にとっては技術習得の場となっている。これらは農業就業の非弾力的性格を緩和する[14)]。さらに，活動は週末を基本としつつ都合の悪い場合には事前に作業を実施しても良く，水管理のように一定期間毎日行う必要のある作業は１週間交代制である。そのため，農外企業の非妥協的態度の下で自家農業への回帰は困難であっても，壮年連盟・担い手会への出役ならば可能となる。壮年連盟・担い手会は「労働力の容器」（山崎 2015c：p.243）となって個々では困難となった農業生産を実現し，会員に農業就業で追加所得を得る機会を提供しているのである。換言すれば，対象地域では兼業農家世帯員が連帯することで雇用劣化に対するセーフティネットを実現しており，そのための組織が壮年連盟・担い手会である。

以上を整理すると，活動の展開はⅠ.農民的利益を実現するための政治活動（～1970年代），Ⅱ.ボランティア的農業生産活動（1980年代～2000年代），Ⅲ.経済的農業生産活動（2010年代）の３期に分けることができる。そして

14）山崎（2018a）は農業就業の非弾力的性格の要因として，農地法による農地取得の制限と生物生産固有の技術的難しさを挙げている。本章では前者を農地確保，後者を技術指導に対応させている。

労働市場構造の段階との関係では，Ⅰは①「東北型」段階，Ⅱは②移行期及び③「近畿型」段階，Ⅲは④「近畿型の崩れ」の段階に対応してきた結果である。このように，壮年連盟・担い手会の活動は労働市場構造に規定されてきたといえる。

6．結論

本章では，これまでボランティア的活動によって農地維持が図られてきた「近畿型」の中山間地域において，雇用劣化進行下における農地維持の担い手が展開する論理の解明を課題とし，宮田村の壮年連盟・担い手会を事例として，地域労働市場構造と農地維持の担い手の関係を検討した。その結果，壮年連盟・担い手会の活動は地域労働市場構造の段階に規定されて変容してきたことを指摘した。壮年連盟・担い手会は，当初は「切り売り労賃」を補填するための農業所得向上すなわち農民的利益の実現を目指す政治活動を行なっていた。そして「近畿型」へと転換したことによって，対象地域では農業所得向上よりも農地の受け手創出が重要課題となり，それに対応して壮年連盟・担い手会が農地維持の担い手に変容したこと，「近畿型」における農外の高い就業条件がその活動をボランティア的なものにしていたことを明らかにした。その後，2010年代には雇用劣化が進行して「近畿型」は崩れつつあり，対象地域の青壮年男子には追加所得を得る必要性が生じている。そうした中で，壮年連盟・担い手会は会員が追加所得を得るための場，すなわち会員のセーフティネットとなっており，そのためにボランティア的だった壮年連盟・担い手会の農地維持活動は，付加価値生産を追求する経済的活動の側面が強くなっていた。また，そのことが2019年における壮年連盟・担い手会の作付面積拡大の要因として考えられた。

雇用劣化が進行した今日では，高い就業条件と比較的安定した雇用が実現されていると考えられていた「近畿型」の兼業農家すらも不安定化・貧困化の脅威に晒されているが，「近畿型」の下で農業の衰退が進んできた結果，兼業農家は自家農業に回帰できずにいる。こうした中，壮年連盟・担い手会は兼業農家世帯員の農業就業を可能にしてセーフティネットを提供するとともに，地域の農地維持を実現している[15)]。以上より，雇用劣化進行下では農地維持の担い手は兼業農家の連帯による雇用劣化への対抗を論理として展開する，ということができよう[16)]。なお，当然のことであるが，こうした活動は雇用劣化を正当化するものではない。労働条件の向上と農地維持の両立が目指されなければならない。そしてセーフティネットの提供は本来，政府の役割である。

15）壮年連盟・担い手会は土地利用計画と地代制度による農地流動化促進によって農地を確保できている。宮田方式については，実態としては自作農の維持策として機能せざるを得なかったために上層農の展開に対しては抑制的であり，そのため水田酪農家は規模縮小するに至った（曲木 2015）という現実もあるが，農地維持という視点に立てば，それは農地維持の担い手が展開する条件を整備してきたのであり，そのことは宮田村の経営耕地減少率と耕作放棄地率が都府県・長野県と比べて低い水準であるという成果として現われている。今後は，宮田方式を農地維持への貢献という肯定的側面から評価しながら，上層農（付加価値生産追求の担い手）も展開できる条件を解明することが必要であろう。なお，2016年には地代制度の定める基本地代が7,000円から1,500円へと引き下げられており，上層農に対する抑制的作用は小さくなった。

16）壮年連盟は多面的機能支払交付金制度における農地・水・環境保全管理協定の構成員である。N担い手会は対象ではないが，畦畔管理の委託元である営農組合は構成員となっている。壮年連盟・担い手会の付加価値生産の経済的基盤については残された課題とする。

第７章　地域労働市場変遷下における農家経営の展開過程

1．課題

農家経営展開の規定要因の一つに農家を取り巻く農外労働市場に注目することは有効であろう。なぜなら，農家は農外労働条件との比較を通じて自家労働を評価しそれに対応した経営展開を行い，あるいは対応できないときには縮小，脱農へと向かうからである。

山崎（1996）は，1980年代後半から90年代初頭を対象として農村地域の労働市場構造に地域性があることを明らかにした。農業所得と合算しなければ労働力再生産費を賄うことができない低位な賃金，すなわち「切り売り労賃」が青壮年男子労働者に検出されない労働市場を「近畿型地域労働市場」，検出される労働市場を「東北型地域労働市場」と規定した。そして「東北型」地帯は一定のタイムラグを伴い「近畿型」地帯へと収束・移行するという観点を示唆した。地域労働市場の構造転換を長野県宮田村で実証した研究が本書第２章である（**第2-7図**）。これによると1970年代は青壮年男子に「切り売り労賃」層が検出される「東北型」であった。80年代になると「切り売り労賃」層は検出されるものの，それは主に1930年以前生まれの者によって構成されていて1930年以降に生まれた者は私企業に常勤的に勤務しており，1980年代の労働市場構造は「東北型」から「近畿型」への移行期であった。そして1990年代になると「切り売り労賃」層が検出されない「近畿型」に転換し，2009年も「近畿型」が維持されていた。ここから本章では1970年代までを「東北型」段階，1980年代を「東北型」から「近畿型」への移行期段階（以下，「移行期」段階），1990年代から2000年代を「近畿型」段階と段階規定する。

では地域労働市場構造が転換した中で，それぞれの時点の宮田村の農業構造はどのように評価されてきたのか。1975年の分析を行った田代（1976）は兼業滞留構造という認識を示した。すなわち，農家は「切り売り労賃」水準で農外就業先に雇用されており，同時に不安定な雇用条件にさらされていることから農地の流動化が進んでおらず，大規模化する農家は想定できないとした。他方で1993年調査を行った山崎（1996）は当該地域に借地による規模拡大がみられる農家が存在することを指摘し，しかしそのような経営は後継者が農外に常勤化していることから，今後世帯主の高齢化とともに経営規模が縮小すると展望した。2009年調査を行った山崎（2013）では，1993年調査で指摘された借地による規模拡大を行なっていた農家の世帯主の高齢化が進行しており，農業生産の担い手不足がより深刻化していた。

以上の先行研究から次のことがいえる。一つは上層農家の成長が微弱な全層落層の傾向が，宮田村の労働市場構造が「近畿型」段階であった1993年，2009年に確認される。二つは，「東北型」段階であった1975年に見られなかった借地による規模拡大をする農家が，「近畿型」段階である1993年に見られるようになったことである。ここから，「移行期」段階では大規模借地農家を成立させる条件ができたが，「近畿型」段階では大規模借地経営を存続させない条件があった，という仮説が立つ。

ところで，山崎（2013）は2009年に青壮年男子の新規参入者が現れた，という新しい状況も指摘している。そしてこれ以降の時期を対象とした研究で，この背景には労働市場構造の変化があることが示唆されている。山崎・氷見（2019）は，宮田村と同じ長野県上伊那郡の中川村で2017年に集落調査[1)]を行い，比較的最近まで「近畿型」であったと考えられる中川村の労働市場に単純労働賃金が層として検出されることを示し，これを「近畿型の崩れ」と表現した。そして第３章では「近畿型の崩れ」が2019年の宮田村においても

１）集落調査とは集落の農業構造や農家世帯員の属性を把握するための調査であり，調査対象は集落内の全農家世帯，あるいは，農家の性質に偏りが出ないように選ばれた集落内の特定地域に属する農家世帯である。

みられることを明らかにした。なお，ここから本章では上記の段階区分に加えて，2010年代を「近畿型の崩れ」段階とする。第4章によると「近畿型の崩れ」段階では，正社員として働いていた青壮年男子が中途退職して農業に専業的に取り組み，規模拡大を志向しており，また他方では単純労働賃金水準で働く農家世帯員が家計費充足を目的とする農業従事を行っている状況があることも指摘している。

このように「近畿型」段階では見られなかった新規に青壮年男子が農業生産に取り組む農家が「近畿型の崩れ」段階になると現れているのであるが，このことから「近畿型」段階にあった大規模農家を存続させない条件が「近畿型の崩れ」段階では解消したのではないか，という仮説が立つ。

以上から論点を整理すると，①「移行期」段階の大規模農家の出現条件，②「近畿型」段階での大規模農家を存続させない条件，③②の条件が「近畿型の崩れ」段階では解消したのか，の3点を明らかにすることが本章の課題となる。方法は，長野県宮田村N集落の農家を対象に，1975，1983，1993，2009，2019の各年に実施された集落調査データと村役場資料，各種統計を用いながら，3経営（後述）の過去45年間の経営分析を行い，農家経営の拡大と縮小の要因を検討する。集落調査データは1975年に関東農政局が，1983，93年に農林水産省農業研究センター（現中日本農業研究センター）が，2009，19年に東京農工大学農業経済学研究室が調査を実施したものであり，筆者は2019年の調査に参加した。

2．農家経営分析

本節では，宮田村N集落の農家であるX経営，Y経営，Z経営の分析を行う。**第7-1表**では各経営の農業を主に行っていた男子世帯員を表注に示した方法で第一世代，第二世代，第三世代とした。この3経営を対象とした理由は，X経営とZ経営は「近畿型」段階において集落最大規模の経営耕地面積を誇っていたが，山崎（2013）が指摘したように世帯主高齢化を理由に2000年代縮

第7-1表　各経営の男子世帯員世代構成

		第一世代	第二世代	第三世代
X経営	世帯員	祖父	父	世帯主
	生年	1911	1940	1973
	就業状態	農業専業	日雇い（～75年） →農業専業	公務員（～2019年現在）
Y経営	世帯員	祖父	父	世帯主
	生年	1911	1938	1968
	就業状態	農業専業	団体職員（～96年） →農業専業	公務員（～2019年現在）
Z経営	世帯員		父	世帯主
	生年		1934	1967
	就業状態		私企業正社員（～86年） →農業専業	私企業正社員（～2009年） →契約社員 （2009年～2019年現在）

注：１）「切り売り労賃」が存在する世代の生年の境とされる1930年を基準にそれ以前生まれ世代を第一世代，それ以降生まれ世代を第二世代，第二世代の子世代を第三世代としている。
２）世帯員は2019年時点で最も収入が多い世帯員を世帯主として，世帯主からみた続柄を示している．なお，その際農業所得は世帯員の農業従事日数で按分計算した。
３）就業状態の括弧内は農外就業先に勤めた期間を示していて，開始年を記していないものは学卒時からである。
４）第一世代の就業状態は1975年以降のものであり，それ以前は不明。
５）Z経営の第一世代は不明。
（資料）調査票から作成

小した経営であり，課題①②の解明のためである。ただし，X経営は第二世代が青壮年時から基幹的農業従事者であったのに対し，Z経営の第二世代は農外就業を定年帰農したあとに規模拡大をした経営であるという点で両者は異なる。他方Y経営は第二世代が青壮年時は農外で「安定」兼業（定義後述）でありながら同時にリンゴ栽培や集団耕作組合のオペレータ出役に積極的に取り組んでいた経営であるが，経営規模が大きかったとは言えない。しかしこのY経営と前２経営はすべて「近畿型の崩れ」段階において新たな農業展開を見せていることから，課題③の解明のため分析に入れた。

ここで分析における語句の意味を説明する。本章では「安定」兼業とは，農家世帯員の兼業先が正規雇用でなおかつそこで得られる賃金のみで家計費を充足しうると考えられるとき，その雇用状態をいう。ただし正規雇用にある者さえも近年「安定」とは言い難い状況にあるということを後に示す。というのは，「移行期」段階では「安定兼業論」[2)]が想定した状況でN集落の農業構造変動が進行したと考えており，しかし「近畿型の崩れ」段階ではそれまで「安定」兼業と考えられた正規雇用にも雇用の劣化がみられる，という状況を本章で示すためである。また，以下で「父」「世帯主」などといった場合には，**第7-1表**の世帯員に対応している。

1）X経営

X経営は1975年から2009年までの4回の集落調査において，地域の農家の中で規模，農業所得の面で最上位に位置し，2008年まで酪農と稲作の複合経営であった。なお，この経営は，曲木（2012，2015）において分析されているため内容が一部重複するが，本章の課題を検討するために詳しく述べる。

(1)「東北型」段階および「移行期」段階

酪農は1959年に祖父が飼養頭数4頭から始めた。1962年に父が就農するが，1970年頃までは多く日雇いをしていた。1973年以降父が基幹的農業従事者となると，これ以降農業機械の導入，牛舎の新設を行うことで飼養頭数増頭を開始し，同時期に勤めの都合から農地管理が難しくなっていた農家から相対・無地代で借地し，1980年までに経営耕地面積を8haまで増やした（**第7-2表**）。しかし，1980年代以降経営耕地面積は増えていないことがわかる。宮田方式の「土地利用計画」によって制限されたためであり，同時に飼料価格が1984年から87年にかけ30%下落したため飼料基盤の拡大が停滞しても飼養頭数増頭が可能であったためである（曲木 2012)。実際飼養頭数は1993年にかけ増加している。また，1980年頃に祖父が高齢を理由に引退するが，同

2）中安（1978）は，昭和1桁生まれ世代以上の農家世帯員は農外就業機会が乏しい一方で農業経験が豊かな人が多いのに対して，昭和2桁世代は学卒時に高度経済成長期に遭遇したため農外就業機会が多く，そのため農業経験が乏しい人が多い。このことから前者が農業から引退することで農業構造が再編成されるという展望を示した。

第7-2表　対象農家の土地面積　（単位：a，飼養頭数のみ頭）

			1975	1983	1993	2003	2009	2019
1）X 経営	総耕地面積	計	340	817	830	—	735	181
		うち自作地	225	184	250	—	200	119
		うち借地	115	632	580	—	535	62
	貸付地		0	24	43	—	35	60
	所有地計		225	208	293	—	235	179
	飼養頭数（頭）		6	30	36	46	0	0
2）Y 経営	総耕地面積	計	104	115	90	—	52	83
		うち自作地	73	83	72	—	52	70
		うち借地	31	33	18	—	0	13
	貸付地		0	0	0	—	24	13
	所有地計		73	83	72	—	76	83
3）Z 経営	総耕地面積	計	—	—	331	—	199	174
		うち自作地	—	—	60	—	35	27
		うち借地	—	—	271	—	164	147
	貸付地		—	—	0	—	0	20
	所有地計		—	—	60	—	35	47

注：1）「—」は不詳
（資料）各年調査票に基づき作成。

時期に障碍者等２～３人の雇用を始めたため労働力は十分であった。

まとめると，父が基幹的に農業に従事し始めたことをきっかけに，農業への積極的な投資と農地集積を始めた。第２章によると1975年のN集落労働市場は「東北型」であるが，若年層は農外に常勤化していて農地維持が負担となっていた農家が存在し始めた時期でもある。そのような農家から農地を無地代で借地することで規模拡大ができたということである。1980年代に入ると農地の規模拡大は停滞するが，飼養頭数増頭は積極的に行われた。1983年時点でX経営は572万円の農業所得を得ており（**第7-3表**），地域の男子農外賃金の最高額（約600万円：**第2-7（2）図**）の95％に相当する。

（2）「近畿型」段階

この段階に入っても経営耕地面積は停滞的に推移しているが飼養頭数は2003年に46頭になるまで増加している。農業所得は1993年時点で965万円（**第7-3表**）と地域の男子農外賃金最高額（約950万円：**第2-7（3）図**）に匹敵する。労働力について，後継者（現世帯主）が長野県外の公務員に就職し

第7-3表　X経営の経営成果　（単位：万円）

収入源		内訳	1975	1983	1993	2008	2018
農業生産	酪農	生乳粗収入	444	1,234	2,100	1,476	
		生乳所得	133	370	630	356	
		総子牛販売額		190	90	50	
	稲作	米粗収益	324.4	272	388.88	235.88	224
		米所得	208.8	99	240	77	93
	地代収支			91	76	-3	-4
	雇用者労賃(支出)			70	70	70	0
総農業所得			341.8	680	966	410	89
総農業所得をデフレートした値（2009年＝100）			190	572	965	416	93
農業生産以外	農外労働	兼業収入	185	272	500-550		500-600
		役員報酬			20	180	
	農外労働収入計		185	272	550前後	180	500-600
	年金		25	74	114	460	220
農業生産以外の総所得			210	346	664	640	770前後
経営全体の所得計			551.8	1026	1630	1050	859
経営全体の所得計をデフレートした値（2009年＝100）			307	863	1628	1065	898

注：1）兼業収入は1975年は祖父と父の日雇収入と母の兼業収入。1983・1993年は母の収入のみ。2008年はなし。2018年は世帯主と世帯主妻の兼業収入である。
2）生乳所得は，1975・1983・1993年は所得率3割（1993年聞き取りより）で算出。2008年は粗収入から農林水産省「生産費調査」から得た生産費を除した値を利用した。
3）子牛を経営副産物扱いにし，総子牛販売額をそのまま所得として計上した。また，堆肥は副産物であるが計上していない。
（資料）曲木（2012：p.88）の第3表に2019年調査票，農林水産省「農業物価統計調査」「農業経営統計調査」，総務省「消費者物価指数」，宮田村役場資料をもとに筆者追加。

他出したが，上記のように雇用労働力を用いていたため，労働力不足が問題となることはなかった。すなわち雇用労働力に依存した飼養頭数増頭が高い農業所得を可能にしていた。

「近畿型」において農業で雇用労働力を用いる際の困難について山崎（1996：pp.216-217）は，雇用した青壮年男子労働力に対して通年的な就業の場の提供とその一方での定期的な休日，常勤者並みの賃金水準の保証が社会的に強制された必要条件になっていると指摘した。この労働力確保の困難をX経営は障碍者雇用制度を利用することで高い労働条件が経営の負担となることを回避したのである。給料は最低賃金の70%でよく，補助金も出たとのことであり[3]，労働力確保の困難を，制度を利用することで克服しようとしたのである。これにより，農外の賃金を凌駕する農業所得を得ていた。

しかし，2003年に発生した乳房炎の発症・広がりをきっかけとして規模縮小に転じ，2008年飼料価格の急騰（2005－08年に37％上昇（農林水産省『農業物価統計調査』））と父の高齢を理由に酪農を廃業した。また，これ以降経営耕地面積も急激に縮小していき（**第7-2表**），雇用もやめた。聞き取りによると乳房炎の対処には衛生管理の徹底を図る必要があったが雇用者がそれにうまく対応できず，牛を処分せざるを得なかった，とのことである。農業経営における障碍者雇用の実態分析を行った片倉（他）（2007）によると，障碍者雇用は労務管理にコストがかかると指摘し，作業工程の分割やパターン化することが必要になるとしている。しかし一般的に農業は生物を労働対象とするその特殊性ゆえに病気などのイレギュラーな問題に直面しうる。今回の事例では，乳房炎というイレギュラーな事態が発生し，雇用主である父は雇用者に対する労務管理に力を入れなければならなかった。しかし，上述のようにX経営の飼養頭数は雇用労働力を前提したものであるのに加えて，酪農は父一人によって行われていた。父一人で牛舎全体の労務管理を行うには限界があり，乳房炎の広がりを抑えきれなかったものと考えられる。そして，飼料価格の急騰が経営の悪化に拍車をかけ，酪農の廃業につながったのである。

X経営の障碍者雇用による酪農経営は先進的な取組であったが，病気などのイレギュラーな事態に対応できないという問題が内在していた。この点から「近畿型」段階における労働力確保の困難の完全な克服には至らなかったといえよう。また，これ以降，父の体力的限界から経営耕地も含めて急激に規模を縮小したことは，父一人によって農業がおこなわれるワンマンファーム＝後継者の他出＝脆弱な農業労働力という問題が経営の根本にあったともいえよう。

3）最低賃金法第７条第１号では「精神又は身体の障害により著しく労働能力が低い者」について最低賃金の減額の特例を認めている。

(3)「近畿型の崩れ」段階

この段階では父の高齢化による規模の縮小はより急速に進み，借地を500a近く返し自作地も減らしている（**第7-2表**）。この段階で特筆すべき点は，他出していた世帯主夫婦が県外から宮田村に戻ってきたことである。世帯主は長野県外で公務員として働いていたが，父が高齢になったことに加えて，担い手会（N集落の畦畔除草などを請け負う任意組織：第６章）の呼びかけがあったことを理由に，宮田村から在宅通勤できる公務員に転職した。世帯主の農外年収は**第2-7 (4) 図**の同年代男子給与水準と比較すると高位であるとは言えない。加えて，残業が多くとても忙しいとのことで，また，勤務地までは片道１時間程度かかる。この，相対的に低い労働条件を受け入れて転職し，実家に戻ってきたということに，雇用劣化が現れているのではないだろうか。とはいえ，公務員から公務員への転職を以って公務員の雇用劣化とするのはやや言い過ぎかもしれない。

世帯主の農業との関わりについては，年間農業従事日数は29日以下と少ないが，担い手会の呼びかけによって帰ってきたことや田植機の操作といった農作業を担当していること，集団耕作組合の役員に就いていることに鑑みるに，農業への意欲は高いといえるだろう。しかしながら，仕事が忙しくこれ以上の農作業の時間を確保することは困難であり，高齢な父が今後引退することを考えると，このままの就業状態で農業を維持することは難しい。

実際に農業を選択しようとしているのは次に示すY経営である。

2）Y経営

Y経営は全ての段階を通じて自作地での稲作を維持しており，またかつてはリンゴ栽培などの複合部門にも取り組んでいた経営である。

(1)「東北型」段階および「移行期」段階

1975年時点では農業専業の祖父が主に農業を行っていて，父と母は農繁期に手伝うのみであった。父は農協職員であり，農外で常勤的に働き家計費充足のために十分な所得を得ている「安定」兼業であった。1983年になると祖父は高齢を理由に大きく農業従事日数を減らし，父と母は若干農業従事日数を増やしていた。しかし祖父の従事日数の減少を埋め合わせるには至らず，世帯員全員の年間農業従事日数を合わせた日数は300日以上から150日と半分以下に減らした。しかしそれにもかかわらず**第7-2表**をみると1975年から83年にかけて総耕地面積は増加していた。1981年にリンゴ団地が造成されてリンゴ栽培に取り組み始めたからである。栽培面積は1983年時点で28a，父と母が作業を担当していた。また，集団耕作組合のオペレータ出役もあり，1983年は２日出ていた。なぜ父は「安定」兼業でありながらもリンゴ栽培を開始したのであろうか。次の項で考察する。

(2)「近畿型」段階

1993年では，労働力は，父は変わらず農協職員であり，後継者（現世帯主）は就職のため他出，祖父は高齢のため引退していた。農繁期には現世帯主が手伝いにきていたとはいえ，農業労働力は脆弱化していた。リンゴ栽培面積は20aと若干減らしており，また，集団耕作組合へのオペレータ出役はなくなっていた。この理由として兼業が休めないためとしており「安定」兼業農家が農業に取り組む難しさがわかる。

曲木（2015）はリンゴ栽培と集団耕作組合へのオペレータ出役を行いながら宮田方式を支えたのは「切り売り労賃」就業者であり，農業所得を必要としたため過重労働状態で取り組んだとしている。一方で，徳田（1984）はN集落を含む３集落のリンゴ団地の担い手にリーダー層・農協関係者の存在が目立つと指摘した。ここから，過重労働は「切り売り労賃」就業者のみではなく，農業所得を必要としないが農業のリーダー的存在であった農家にも及んでいたと言えるのではないだろうか。Y経営は1983年→93年にリンゴ栽培およびオペレータ出役は上記のように減らしているし，2009年になり父が引退し，宮田村に戻ってきた現世帯主が農業を行うようになると「サラリーマンにはリンゴは無理」とのことでリンゴ栽培をやめていた。つまり，農外において常勤で働きながら宮田方式を支えたことは「安定」兼業である農協職員にも過重労働であったといえる。しかし「切り売り労賃」就業者と異なるのは，Y経営には農外就業先で家計費を充足しうる賃金を得ていてリンゴ栽培やオペレータ出役をする経済的なインセンティブがなかったことである。「近畿型」段階では地域の農家世帯員の多くが「安定」兼業化して規模縮小・脱農に向かったが，農業のリーダー農家は社会的要請にこたえるという形でリンゴ栽培・オペレータ出役に従事したのであろう。

繰り返すが，2009年時点には他出していた現世帯主が宮田村に戻ってきていた。現世帯主の就業状況や農業への関わりについては次項で述べる。

(3)「近畿型の崩れ」段階

2009年時点で宮田村に戻ってきていた現世帯主は，新卒時から公務員として勤務していて，2019年時点の年収はN集落の同年代男子賃金水準と比較しても高位である。一方で，世帯主は二回の異動を経て徐々に勤務地が自宅から遠くなり，現在は通勤片道２時間かかるようになった。そして，勤めを辞めて農業をすることも検討していて，そのために2017年に水稲の作付面積を24a増やしたとのことであった。農業への意欲が高まっていることが聞き取れる。

以上のことは，X経営の分析で示唆された公務員にも雇用劣化が現れているということをさらに示すものである。というのも，通勤片道二時間かかるようになったということは，労働条件の引き下げがこの場合は勤務地が労働者に配慮されないという形で現れた，といえるからである。そして，その労働条件の悪化を理由に農業を志向しているということは，高水準の給与の公務員でさえも農外就業の魅力が下がってきていることを示しているといえるだろう。

以上では，農外正規雇用労働者が労働条件の悪化によって，農業を志向しうる状況を示した。最後のZ経営の分析では，非正規雇用労働者と農業の関わりについて明らかにする。

3）Z経営

Z経営はかつて集落最大規模の稲作農家でありリンゴ栽培面積も最大であったが，2000年代以降リンゴ栽培をやめて経営耕地面積を大きく減らしている。それでも経営耕地面積はいまだに集落内では比較的大きく，借地面積も大きい。

なお，Z経営は1975年，1983年調査で調査対象となっていないため，1993年，2009年，2019年調査結果のみを用い，以下の分析では1993年調査結果からわかる範囲で「移行期」段階，そして「近畿型」段階および「近畿型の崩れ」段階について行う。また，この経営も山崎（2013）で分析されていて内容が一部重複するが，本章の課題の検討のため詳しく述べる。

(1)「移行期」段階

父は村内の製造業で常勤の工員として働いていたが，1986年に退職したことをきっかけにリンゴ栽培面積を101aに増やした（それ以前の栽培面積は未詳）。父の年金は国民年金のみの受給である。世帯主は学卒時の1986年から上伊那郡飯島町にある私企業の正社員として働いていた。1993年時点の年間農業従事日数は父が300日，母が20日，世帯主が40～50日であり，父が主に農業に取り組んでいたことがわかる。なお，1993年時点で農業機械は自己所有していたことから集団耕作組合へのオペレータ出役やその利用はない。

(2)「近畿型」段階

1993年時点では上記のように積極的にリンゴ栽培に取り組んでおりその耕地面積は集落最大であったが，2009年では父が引退したことによりリンゴ栽培をやめていた。2009年の年間農業従事日数は世帯主と母がともに60～99日と1993年より若干増やしているが，父を埋め合わせるには至らず，経営耕地面積は大きく減らしている（**第7-2表**）。世帯主は自動車部品製造企業を，リーマンショックを機に退職しており，村内で半年更新の契約社員として働いていた。また，集団耕作組合のオペレータ出役は３日ある。

(3)「近畿型の崩れ」段階

2019年時は2009年とほとんど状況は変わっていない。変わったことといえば，世帯主妻が田植えの補助に入るようになったことと，母が高齢になり労力的限界から借りていた17aの畑を返して経営耕地面積が微減していることである（**第7-2表**）。世帯主の就業状況は2009年と同様に契約社員として働いていた。この10年間半年更新の契約社員という不安定な就業状態にあることは，労働市場の不安定性を示す現象といえよう。契約社員の年収は低位であるため，農業による追加所得を得るインセンティブはあるのだろうが，農業の経営規模を拡大しようとする動きは見られない。それどころか，母の高齢を理由に縮小している。

氷見（2018）は，不安定就業が農業に結び付かない理由について「背景には，契約社員という今日増大しつつある不安定就業では，農作業の時間を確保することが難しくなっている」（氷見 2018：p.14）としている。この指摘の通り，世帯主は契約社員で常勤の週休２日制であることから，農作業の時間の確保には限界がある。つまり，農業の追加所得の必要性と農作業時間の確保の難しさとの均衡点が，現在の農業の規模なのであり，現在の農外就業を継続する限りでは，農業も現在の規模で（あるいは母の引退による畑作の縮小を伴いながら），農業を持続しなければならない。とはいえ，氷見（2018）は，不安定就業者が農業に結び付かないことから，そのような農業経営は縮小・離農に向かうという展望を描いているが，Z経営は母の高齢化による畑作の縮小があるとはいっても，水稲作の規模は維持されている。この点において，Z経営は農業規模の拡大は見られずとも農地維持の担い手としての存在感を持ちうる。

３．分析のまとめと考察

１）「東北型」段階から「移行期」段階，「近畿型」段階

労働市場が1970年代後半から1980年代かけての「移行期」段階に後継者が農業に専業で取り組む経営と農外で常勤の兼業につく経営とに分化した。後者の「安定」兼業自作農が農業を縮小し始め，前者は後者が放出した農地を集積することで規模拡大を果たし集落内で最高水準の農業所得を得ていた。しかし後者の中でも農業に積極的に取り組む経営があった。一つは，当時の世帯主は農協職員であり農業のリーダーとして地域の自作農が減少している状況の中で宮田方式を支えるために過重労働状態で農業生産に取り組んだ。二つは，世帯主は農外で常勤的に働いていたが，定年退職後にリンゴ栽培を拡大した。しかし，これらの経営は共通して2000年代に入ると農業を縮小してしまう。

ここで**第7-1表**に示した世代に分けて農業継承について考察する。上述の「移行期」段階の農家経営の分化は，第二世代の就業選択の違いによって現れたものである。第二世代の学卒時の1960年頃は高度経済成長に伴う地域労働市場の発展時期に重なったため，農外に常勤的に勤務することを選ぶことができた。だが一方で，1960年頃の地域労働市場構造は「東北型」であり第一世代の「切り売り労賃」就業者がまだ多く労働市場に存在し，第二世代が学卒時に就業選択をする際，農外の労働条件が良くなるとは必ずしも予想しえない状況であった（換言すると自家労賃評価が低かった）ことから，自家農業を就業先に選択することにも合理性があったと考えられる。そして第二世代が農外で常勤的に勤務することを選択した経営は，農業を支えていた第一世代が1980年前後に高齢になると農地を放出し始め，その結果，第二世代が農業に専業的に取り組む経営が農地を集積することができた。

以上から第２章が指摘した労働条件の第一世代と第二世代との世代間差があったから，1970年代後半から90年代にかけてみられたX経営のような積極

的な農地利用を行う経営が現れたと言えよう。つまり，上述のように世代間差があったことにより一部の第二世代は農業就業を選択し得，1970年代後半から80年代になると第一世代が引退し始めることで農地市場が緩和し規模拡大が可能になった。同時に，この時期は「安定」兼業を選択した地域の第二世代の農外賃金が年功に伴い上昇してきた時期でもあり，農業就業を選択した第二世代にとっては農業所得の増加を志向せざるを得ない時期でもあった。このことによってX経営の第二世代は積極的な農業の規模拡大を行った，ということである。

加えて，Z経営のように「移行期」段階で定年帰農後に規模拡大したのも同様に労働条件の世代間差によるものと考えられる。曲木（2013）は，宮田村における定年帰農（曲木は「高齢者帰農」と呼んでいる）の分析を行っており，1983-93年の間に定年帰農して規模拡大した農家は年金水準が低位であったために積極的に農業に取り組んだとしている。Z経営父は「安定」兼業が一般的とされる第二世代でありながらも，他方で年金水準が低位であり，いうなれば「切り売り労賃」的労働条件[4)]で働く最後の世代であった。「移行期」段階では上の世代が高齢化し農業から引退する中で同年代の者の中には（X経営のように農業専従者がいた農家は除き）定年後も十分な年金を得ている者がいた。彼らは農業所得を求めず農地を拡大しない状況であり，そのためZ経営は規模拡大をしえた，ということである。

第二世代が農業に積極的に取り組んでいた経営も，後継者の第三世代は農外で常勤化していたことから，第二世代が高齢化した2000年代以降農業を縮小することとなった。第三世代が学卒時の1990年頃は「近畿型」段階であり，農外で年功賃金などの高い労働条件を展望できたがために，農業専業を選択しがたい状況であったと考えられる。つまり，第二世代の学卒時の労働市場構造は「東北型」段階であり自家労賃評価が低かったことで自家農業に就農

4）Z経営父の農外就業での賃金は不明であるが，年金水準が低位であり引退後の生活費を十分に賄えていないという点において「切り売り労賃」的労働条件とした。

する合理性があり得たが，第三世代の学卒時の労働市場構造は「近畿型」段階であり自家労賃評価が高かったために自家農業に就農する合理性はなかったのであろう。また，1993-2009年の定年帰農者は高額年金受給者による農地保全のためのボランティア的な帰農であったため，1983-93年で見られたような規模拡大をする農家はいなかった（曲木 2013）。

2）「近畿型の崩れ」段階

労働市場が2010年代に「近畿型の崩れ」段階になり，第三世代が農外の雇用劣化に直面することで，新たな二つの流れが見られるようになっている。一つは農外就業が主だった正規雇用の後継者の中に農業を志向する者が現れていた。「近畿型の崩れ」段階では正規雇用にも労働市場の不安定化の影響が及び，居住地に配慮がなされない遠隔地への異動といった賃金以外の労働条件の悪化が見られる。この労働条件の悪化は農業を行う時間的余裕を奪うもので，農家労働力が農業から切り離され，より労働者に純化する過程（山崎 2018a）の一環といえる。他方でこの過程は農外就業の魅力が下がっている状況と言うことができ，それが正規雇用者の農業への志向として現れているのである。

もう一つは不安定な農外就業にあるにもかかわらず農業へ向かわない状況が見られる。今日の非正規雇用は常勤であるために農作業時間の確保には限界があるが，一般に残業が少なく勤務地は正規雇用に比べて選びやすいので，農業に取り組む時間的余裕は比較的あると考えられる。そのため農外の相対的な低賃金を補うために農業所得を必要とし，そこで必要な狭小な農地程度であったならば維持できる。しかし他方では常勤の兼業なので農作業の時間を充分に確保することには限界があり，それ以上の規模は維持できない。そのため農業の拡大はなされないし，また兼業も続けていかざるを得ないのである。

４．結論と今後の展望

本章では，①「移行期」段階の大規模農家の出現条件，②「近畿型」段階での大規模農家を存続させない条件，③②の条件が「近畿型の崩れ」段階では解消したのか，の３点を明らかにするために農家経営の展開過程の分析を行った。まず①について，「移行期」段階に起こった借地による規模拡大は1930-40年生まれ農家世帯員によって行われ，一方は青壮年時から基幹的農業従事者であり，また他方は農外就業を定年退職後に基幹的農業従事者となった者であった。両者ともに背景には第２章が指摘した1930年生まれを境にした労働条件の世代差があり，この点から大規模借地農家の出現は「移行期」段階に特徴的な現象であった。そのため，②については「安定」兼業が世代を問わず一般化したことによって「近畿型」段階では農業後継者を確保することが難しくなり，農民層の全層落層となった。また，高い農業所得を得ていた農家ですら農業後継者を確保することができなかったのは1990年代以降の農産物価格の下落といった交易条件の悪化によって若者に農業が魅力あるものとならなかったからであると考えられる。

「近畿型の崩れ」段階では，労働市場に単純労働賃金が出現したことによって農家の自家労賃評価額が低下し，青壮年男子が就農を選択するための条件ができたように見える。しかし先行研究では農外から農業に還流することが難しいことが指摘されている。山崎（2018a）は，生産手段の取得や技術習得の難しさから農業就業状況には景気動向に対する非弾力的性格があることを指摘し，これを「慣性」と表現した。そして氷見（2018）は先述のように不安定就業者が農業に結び付かないとしている。それではなぜ今回の分析対象農家は「慣性」を乗り越え，農業に向かうのであろうか。

今回取り上げた３経営は先代が農業に積極的に取り組んできた経営で，農地や機械，農業技術の蓄積や地域農業における役割があった。X経営は2000年代まで経営耕地面積は集落最大であり父は集団耕作組合長などを歴任し，

Z経営も2000年代まで耕地面積は集落最上位にあたりリンゴ栽培面積は集落で最大であった。そしてY経営の父は地域のリーダー的存在として農協に勤めながら宮田方式を支えた。先代による農業への積極的な取り組みは，当家に対する地域の信頼を厚いものとしているであろうし，農業機械や農業技術の蓄積もあったと考えられる。2000年代以降，これらの経営も先代の高齢化によって農業への関わりを小さくしたが，しかし，Y経営とZ経営に関しては父が農業を行っていた時から農繁期の手伝いという形で技術の継承は行われていて，X経営も父が現役のときに長男が戻ってきたことで技術継承は行われている。以上のように農業を始めるハードルが低い経営の第三世代が雇用劣化に直面することで，農業への回帰が見られるのではないだろうか。経営経験の世代を跨る歴史的な蓄積による，いわば「正の慣性」とでも言うべきものがある。この「正の慣性」をもつ一部の農家は景気後退期に農業へ還流しうる，ということなのであろう。

「近畿型の崩れ」段階における「正の慣性」を持つ農家の世帯員が農業を志向する状況は，農業継承の際により明確に表れてくると予想される。蓄積された生産手段や地域での信頼を継承して農業生産に取り組めるという状況は，不安定な農外労働市場を見ながら就業選択をする若者にとっては魅力的なものになると考えられる。そうであるならば，本章の分析で見られた正社員が農業を志向する事例と非正規雇用労働者の農業維持の事例との相違は過渡的なものであり，これらの経営は農業継承を経ることで青年時から専業的に農業生産に取り組む担い手となるのではないだろうか。今後の動向を注視したい。

第８章　雇用劣化地域における農業構造と雇用型法人経営
――長野県中川村を対象として――

１．課題と方法

増加しつつある雇用型経営の実態を掴むうえで，農業構造の規定要因のひとつに農家を取り巻く労働市場のあり方を見る地域労働市場論は有効であるといえよう。なぜなら，雇用型経営は労働力の買い手として，被雇用者は労働力の売り手として地域労働市場に登場するからである。

近年の労働市場のあり方で注目すべきことは雇用劣化である。1980年代より，非正規雇用労働者は若干の増減を伴いつつも増加してきた（伍賀 2014）。1995年には日経連『新時代の「日本的経営」』が発表され，そこでは労働者をいわゆる「終身雇用」の者（「長期蓄積能力活用型グループ」）とテンポラリーな雇用の者（「雇用柔軟型グループ」）とに選別を進めることが宣言された[1)]。これは労働力を複雑労働と単純労働とに分けて，労働条件に差を付けることを企図したもの[2)]である（複雑労働，単純労働と賃金の関係については後に述べる）。このような1980年代以降に進んできた労働力選別は雇用劣化と表現できよう。雇用劣化が農業に及ぼす影響の解明は，今日の地域労

1）『新時代の「日本的経営」』では「高度専門能力活用型グループ」の創出も提言された。しかし，「高度専門能力活用型グループ」については実態が無いという批判（濱口 2013）が存在する。これを受け，本章でも「高度専門能力活用型」には言及しなかった。

2）「長期蓄積能力活用型グループ」の賃金は職能給で昇給制度がある。対して「雇用柔軟型グループ」の賃金は職務給で昇給は無い（日経連『新時代の「日本的経営」』p.32）。前者は年功賃金，後者は年功賃金ではない賃金ということである。

働市場論が取り組まなければならないテーマである。

雇用劣化と農業に関する先駆的な研究に友田（2002）及び友田（2006）がある。友田（2002）は企業が労働力を複雑労働従事者と単純労働従事者とに選別していることを指摘している。また，友田（2006）は1990年以降に新規就農者，なかでも離職就農者が増加したことの背景に雇用劣化を見ている。一方，山崎（2013）はリーマンショック直後の長野県宮田村を事例として，失業や非正規雇用労働者が必ずしも農業就業に結びつかなくなっていることを指摘した。以上のように，近年の雇用劣化と農業構造に関する研究は幾つか存在してはいる。しかし，両者は雇用劣化と農家就業動向との関連について異なった見方をしているので，さらなる検討が必要だろう。

ところで，悪条件の農外就業と農業構造との関係についての議論は過去にもなされたことがある。農村工業化が進行した1970-80年代に盛んに行われていた兼業滞留構造論である。この議論では，農家世帯員が農外就業で得る賃金は「切り売り労賃」とも称される，労働者として純化するには不充分な水準であり，それゆえ農業所得が必要なので自家農業を維持し続けるために農業構造変動は進まないとされてきた[3)]。しかし，兼業滞留構造論によれば農家は農地を売却・貸出しないのであるから，近年の農業構造変動とその中で農地を集積する雇用型法人経営の展開については説明できない。あるいは雇用劣化が進むことで，農業構造が再び兼業滞留構造論で説明可能になりつつある可能性も考えうる。今起きていることは兼業滞留構造への回帰か，それとも新しい状況なのか，その確認が必要であろう。

そこで，地域分析により雇用劣化が進行する中での農業構造と法人経営の実態を解明しようというのが本章の課題である。方法は，宮田村と同じ上伊

３）兼業滞留構造論の代表的な議論に田代（1984）と磯辺（1985）を挙げることができる。また，兼業滞留構造論と対抗的な議論には，昭和10年代以降に生まれた世代は農外で安定的に就業できるため離農が進むとした中安（1978）の「安定兼業論」がある。こうした見方は山崎（2018b）による。本書第１章も参照のこと。

那郡に属する中川村Y集落の集落調査[4]から得られた40戸における世帯員の農外就業の賃金構造と農業構造の分析と，集落内に立地する農業法人有限会社A（以下「A社」とする）に対するヒアリング結果の分析である。集落調査は2017年８月と10月に，A社のヒアリング調査は2018年３月に実施した。

本章の構成は以下の通りである。２節で兼業農家に関する先行研究が想定した雇用のあり方を明確にし，そのうえで雇用に関する議論を整理して分析視角とする。３節で対象地の概要を紹介し，４節で賃金構造分析を行う。５節では対象地域の農業構造を確認して，兼業滞留構造への回帰が見られるか否か検討する。６節でA社の分析を行い，７節で結論を述べる。

ここで雇用劣化に関して，単純労働，複雑労働，年功賃金の関係を確認しておく。単純労働とは「平均的に，普通の人間ならだれでも，特殊な発達なしに，その肉体のうちにもっている単純な労働力の支出」（マルクス 1867：p.75）である。「特殊な発達」が無いため，賃金額が加齢や経験年数に比例して増加しない[5]。複雑労働とは「社会平均的労働に比べてより高度な，より複雑な労働」（マルクス 1867：p.337）であり「単純な労働力と比べて，より高い養成費がかかり，その生産により多くの労働時間を要し，それゆえより高い価値をもつ労働力の発揮」（マルクス 1867：p.337）である。複雑労働では賃金体系は加齢や経験年数に比例して増加する年功賃金となり，雇

4）Y集落は14の班で構成されている。このうち６つの班をランダムに選定し，Y集落最大の経営耕地面積を有する世帯が属する１班を加えて７班を調査対象とした。対象となる世帯は42戸で３戸は調査拒否となった。調査拒否理由と内訳は「個人情報だから答えたくない」１戸，「高齢で回答困難」１戸，「不在のため」１戸であった。これに調査対象とならなかった班に属する新規参入者世帯１戸を加えて40戸の調査を行なった。新規参入者はまったく新しい農地の需要者であり，農業構造に多大な影響を与えている可能性があるため特別に調査対象に加えた。Y集落の新規参入者は上記の１戸のみである。なお，調査対象世帯は前述の新規参入者以外の全戸が農地を所有している。

5）単純労働であっても経験によって能率が上がることはあるため，経験者の賃金額が未経験者のそれと比べて高いことはあり得る。ただし単純労働の場合には技能養成コストが低く経験は重視されないため（友田 2002），複雑労働のように年齢に比例して賃金が上昇する年功賃金にはならない。

用形態も安定的・長期的なものとなる[6)]。賃金構造分析では複雑労働は年功賃金として，単純労働は非年功賃金として検出される。

2．先行研究の整理

本節では，地域労働市場論の先行研究を検討しながら，労働市場における雇用劣化に関する文献を整理し，分析視角を明確にする。

1）地域労働市場論の整理

先に述べた通り，1970年代には兼業滞留構造論が盛んに議論されていたが，1990年代になると農村部でも男子農家世帯員に年功賃金体系での就業が支配的な地域が確認され，そういった地域の労働市場は「近畿型地域労働市場」と称された（山崎 1996)。以降，地域労働市場を重視する論者らは「近畿型」とみなしうる地域労働市場を確認していく[7)]。

「近畿型」における，年功賃金が支配的という農外就業のあり方は農業所得の必要性を低下させ離農促進的に作用した。さらに，恵まれた農外就業条件は農家の自己労賃評価を高くした。農工間の交易条件が悪化する下で高くなった労賃を自家農業で確保することは難しく，上層農形成は困難となり，農地の受け手は不足して全層落層的な農業構造変動が引き起こされていた。こういった状況における農地の受け手として，山崎（1996）は「戦後自作農に代替する新たな主体」（p.226）としての法人経営を展望したのであった。なお，山崎（1996）における法人経営とは雇用労働力を利用するものであり，そのためには労働条件は農外の恵まれた条件に匹敵する必要があるとされ

6）「企業は，せっかく職場の中で積み上げてきた熟練を他所の企業に流動させたくはないので，労働者の熟練が形成されるに伴ってそれに相応の評価を行いながら賃金を少しずつ引き上げてゆく。そして，同じ理由から彼らに『正社員』などの比較的安定した雇用上の身分を与える」（山崎 2015c：p.240)。

7）野中（2002）及び山本（2003)。他に賃金構造の地域間比較を行った研究に曲木（2019）及び山崎・氷見（2019）がある。

た[8]。その後，山崎（他）(2018) は「近畿型」地域における法人経営について，複雑労働に従事する役職員には高い就業条件を提供する一方で，パートといった不安定な雇用で単純労働力を確保して前者の原資を作ることになる，としている。

2）雇用劣化

雇用劣化に関しては非正規雇用の増大が注目されてきた。たしかに雇用者に占める非正規雇用労働者の割合が2004年に３割を超えた[9]ことに鑑みれば，非正規雇用に注目することは当然ともいえよう。しかし，ここで注意しなければならないことは，上記の数値は雇用者全体のものであり性差や年齢を考慮したものではないということである。山崎（1996）以降の地域労働市場論の議論は男子青壮年における年功賃金形成に注目してきたのであるから，雇用劣化については男子青壮年の雇用に特に注意する必要があるように思われる。そこで男子青壮年の動向を探るために正規雇用率を示したものが**第8-1図**である。この図によると全年齢層に共通していることは，失業率が改善しつつある2014年以降の正規雇用率はやや上昇しているものの，長期的には下降傾向にあることである。すなわち非正規雇用率が上昇しつつある。とはいえ，55歳未満を年齢層別に見ると，全期間を通して最も低い25～34歳層でも８割以上が正規雇用であり，35～44歳層と45～54歳層は９割以上が正規雇用である。55歳～64歳層の正規雇用率は55歳未満と比べると低いが，これは定年退職者[10]の再雇用が非正規雇用の形態で行われる[11]ことによるものと考えられる。以上から，男子青壮年については非正規雇用が増加しつつある

８）具体的には通年就業，常勤者並みの賃金，社会保険の整備を挙げている。

９）総務省統計局『労働力調査』による。

10）『平成28年度就労条件総合調査』（厚生労働省）によると，定年制を定めている企業が95.4%，そのうち一律定年制を定めている企業は98.2%である。また，一律定年制を定めている企業で，60歳を定年年齢としている企業は80.7%である。

11）労働政策研究・研修機構（2010）によると60～64歳男性で正社員として就業する者は25.4%（p.20）にすぎない。

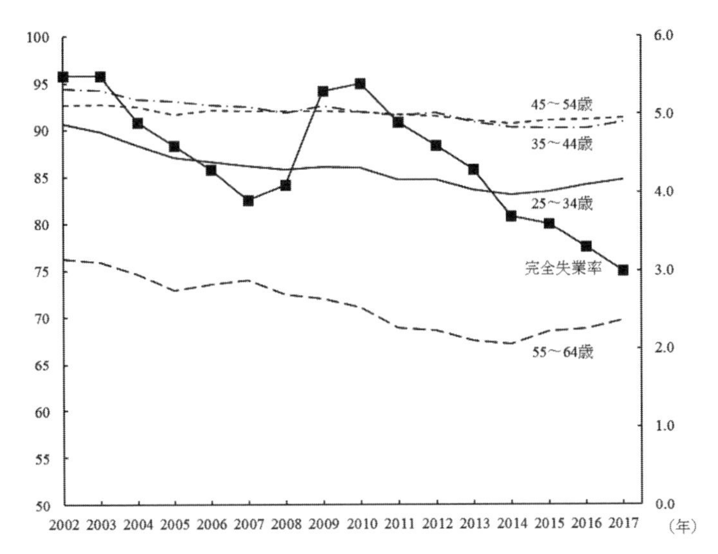

第8-1図　男子正規雇用率と失業率（全国）

（資料）『労働力調査』（総務省統計局）。

とはいえ，依然として正規雇用が大宗を占めており，正規雇用にも注目する必要があると言えよう。

では，男子青壮年に関しては，雇用劣化は問題にならないのかというと，そうではなく正規雇用の劣化を問題にしなければならない。今日の労働市場では，「近畿型」の想定とは異なる形態の正規雇用が形成されているからである[12)]。

正規雇用における非年功型雇用の増大を指摘する資料に，NPO法人POSSEによる都市部の調査がある。この調査によると，正規雇用労働者のうち4割は定期昇給又は賞与が無かった（今野・本田 2009）。

また，上場企業に限定されるデータではあるが，日本生産性本部（2016）

12)「非正規雇用と，低処遇で非年功型の正規雇用の増加は，特定の企業に定着しない流動的な労働力の企業横断型労働市場が分厚く形成されつつあることを意味する。日本型雇用・年功賃金・企業内技能養成の仕組みは，この領域では機能しない」（遠藤（他）2009：p.24）。

によると，非管理職層について職能給を導入又は導入予定の企業は2000年代初頭に７割台に低下したものの，2000年代後半以降は80％以上で推移しており，依然として労働者の熟練形成を重視する傾向がみられる。その一方で，役割・職務給を導入又は導入予定の企業は1999年には17.7％だったが，2016年には56.4％にまで増加した。職能給は職務遂行能力（潜在能力）を評価する賃金制度であるため年功賃金と親和的である[13)]。対して，役割・職務給は「役割，あるいは職務の価値を反映している賃金」（日本生産性本部 2016：p.16）であり，それゆえ年功賃金とは相容れない制度である[14)]。先述の結果は矛盾しているように見えるが，これは企業が一方では日本的雇用を維持しながら，他方では年功賃金体系に乗らない労働者群を作り出すという選別的な行動をとっていることの反映と考えられる（調査は複数回答可で行われている）。

以上，データの限定はあるが男子青壮年に非年功型雇用の増加が推察される。このことは前掲の友田（2002）の指摘とも整合的である。もし非年功型雇用が農村にも厚みを持って存在するならば，正規雇用かつ年功賃金という農外の就業条件を前提に，農業構造変動の進展と法人経営の成立を想定した議論は修正を迫られるであろう。

3）小括

以上の整理から，山崎（1996）以降の「近畿型」の議論では農家男子世帯員について，年功賃金の正規雇用での就業が支配的となったことを，両極分化又は全層落層的な農業構造変動の原因と見ていたことを指摘できる。

その後，雇用劣化が進み労働者は非年功型雇用の者と年功賃金を受け取る者とに選別されたとするならば，そのことが農業とどのように関わるのか。その解明は，①賃金構造分析の論点として非年功型雇用を層として検出しうるか否か，つまり年功賃金を形成しない青壮年男子を層として検出すること

13）日本的雇用と職能給の関係については木下（1997）参照。

14）職務給が必ずしも単純労働賃金を意味するとは限らないことに留意されたい。

によって，②そして男子農家世帯員に非年功型雇用の層が検出されるならば，そのことが農業構造と雇用型法人経営にどのように影響しているかを明らかにすることによってなされる。

３．対象地域概要

長野県上伊那郡中川村は長野県南部にある上伊那郡に属する。木曽山脈と赤石山脈に挟まれており，南北に流れる天竜川によって村は２つの地区に大別されている。本章で対象としたY集落は天竜川西岸の地区に位置する。

戦後しばらくの間，中川村の農業は米と繭の生産を中心としていたが，繭生産が減少するにつれて桑園は果樹園に転換された。『農林業センサス』（農林水産省）によると，中川村の1965年における経営耕地面積は桑園143ha，果樹園79haであったが，1995年には桑園５ha，果樹園206haとなった。

ところで，上伊那地域は全国に先駆けて「宮田方式」や「飯島方式」のような土地利用調整システム[15]が成立した地域である（第１章参照）。土地利用調整システムを背景にして，宮田村や飯島町では兼業農家に替わる営農主体としてJAと役場が主導しながら法人経営が育成されてきた。一方の中川村では宮田村や飯島町のような取り組みはなされてこなかった。集団的な取組みとしては農業機械の共同利用・共同作業組織である「トラクター組合」「田植機組合」「コンバイン組合」が１～３集落レベルで結成されているのみである。土地利用調整システムを欠いた状況下ではあるが，中川村では総農家数が減少する中で自給的農家数と５ha以上層の販売農家数が増加するという，農家の両極分化が進んでいる（**第8-1表**）。また，2015年の村内の法人経営体数は13である。

上伊那地域は工業化が進んだ地域としても知られ，農外労働市場が展開しており地域労働市場論でも対象として取り上げられてきた[16]。中川村も同

15)「宮田方式」は曲木（2015），「飯島方式」は星（2015）を参照。
16) 山崎（1996），山崎（2013）及び曲木（2016）。

第 8-1 表　中川村における面積規模別販売農家数の推移　　（単位：戸）

年	総農家	自給的農家	販売農家						
			0.5ha未満	0.5〜1.0	1.0〜1.5	1.5〜2.0	2.0〜3.0	3.0〜5.0	5.0ha以上
1990	923	128	164	375	154	62	30	9	1
1995	875	143	157	346	137	53	31	7	1
2000	823	143	174	317	105	44	28	10	2
2005	786	182	159	278	94	45	21	6	1
2010	747	210	136	238	92	45	17	5	4
2015	686	239	112	186	88	34	16	4	7

注：1）表頭「0.5ha 未満」には経営耕地なしを含む。
（資料）各年『農林業センサス』（農林水産省）。

様で，2015年における販売農家は専業農家98戸（22％），第１種兼業農家34戸（８％），第２種兼業農家315戸（70％）となっており，第２種兼業農家の比率が都府県の56％，長野県の55％と比べて高い。両極分化が進展しており，かつ兼業農家が多い中川村は本章の課題を検証するうえで適当な対象地域であると言える。

４．賃金構造分析

本節では中川村Y集落40戸の世帯員の農外就業について，**第8-2図**を使いながら賃金構造分析を行う。調査を実施した世帯で農外就業に従事している世帯員は男子41人，女子35人で，そのうち賃金が判明した者はそれぞれ37人と30人であった。語句の定義であるが，以下では期間の定めのない雇用を「正規雇用」，正規雇用のうち私企業の雇用を「正社員」，期間の定めのある雇用を「非正規雇用」とする。雇用形態は公務員・団体職員，正社員，契約社員，パート・アルバイト，農業法人A社従業員の５種類に分類した。契約社員は日給制（日給月給制を含む）で有期雇用の者，パート・アルバイトは時給制の者，臨時雇いは日給制で６ヶ月以下の雇用期間の者とした。図示した賃金額は社会保険料及び税引前の金額であり，賞与や各種手当がある場合にはそれらを含む金額である。調査では2016年中の農外就業について聞き

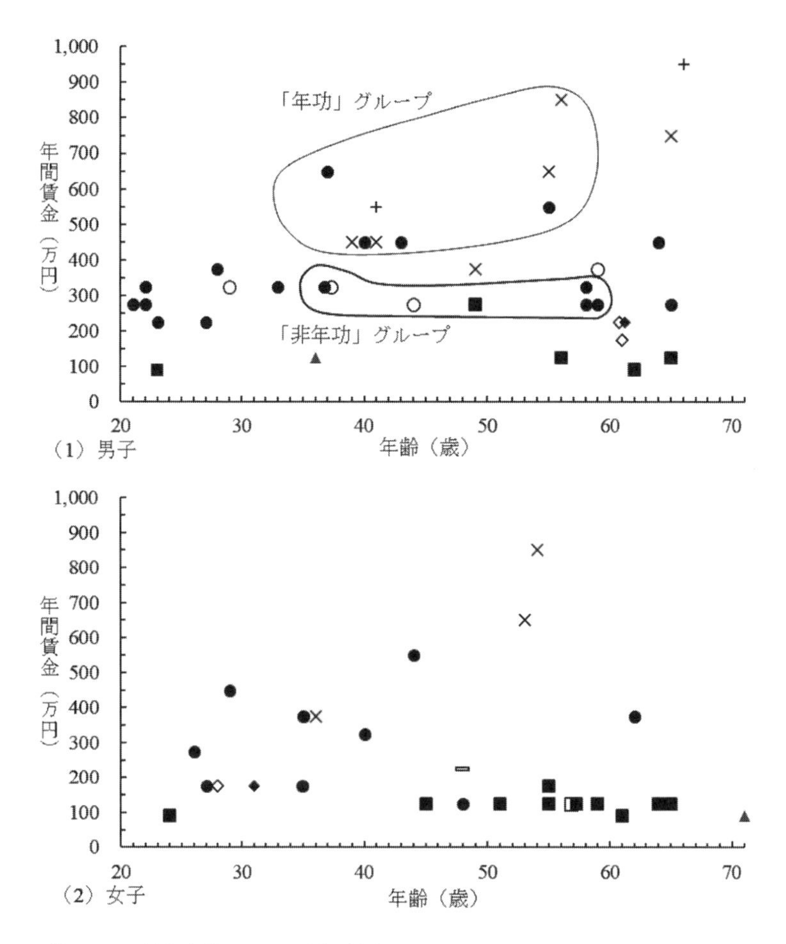

第8-2図　対象世帯における賃金構造

注：１）凡例：×公務員・団体職員，●正社員，◯過去5年以内に転職経験のある正社員，◆契約社員，◇過去５年以内に転職経験のある契約社員，-派遣社員，■パート・アルバイト，□過去５年以内に転職経験のあるパート・アルバイト，＋A社，▲臨時雇。

２）各人の税込年間賃金額を13階層から選択させたうえで，各階層の中央値を賃金額とした。最高階層は900万円以上で，これを選択した者は950万円とした（男子1人）。最低階層は100万円未満で，これを選択したものは90万円とした（男子1人，女子1人）。

３）前年中の賃金実態である。そのため年齢は調査時点から１歳減じている。

（資料）2017年８月，９月に実施した聞き取り調査より作成。

取った。以下，男女別に分析を行う。

1）男子

まずは非年功型雇用が層を形成しているかどうか検討する。検討にあたっては，35歳以上61歳未満の者[17)]の20人のうち，恒常的な就業ではない２人（36歳臨時雇と56歳アルバイト）を除いた18人を対象とした。彼らについて，非正規雇用の者は「非年功」とし，正規雇用については次の２点を考慮してグループ化を試みた。①単純労働賃金上限を年間343万円と設定し[18)]，これを超えるか否か。②仕事内容に関する聞き取りの結果，技能形成や管理的要素がある仕事であれば「年功」，なければ「非年功」とした。その結果，「年功」グループ９人，「非年功」グループ７人となった。どちらにも属さない者（①を満たすが②を満たさない者）は２人となった。以下，「年功」と「非年功」の２グループを中心に分析を進める。

「年功」グループを構成する者の共通点は，正規雇用であることと過去５年以内に転職した経験がないことである。図中には示していないが，全員が30歳に到達するよりも前に現在の仕事に就いており，以降の職場移動は見られないことから，熟練を形成することで賃金が上昇する複雑労働従事者であると判断できる。

17）30歳代前半までは就職して間もないために賃金が上昇していない可能性があるため除外した。また，定年年齢が一般的に60歳であることから上限を61歳未満とした。

18）山崎（1996），山崎（2013）及び曲木（2016）では，単純労働賃金については厚生労働省『建設・港湾運送関係事業の賃金実態』（調査名「屋外労働者職種別賃金調査」）の値が用いられてきたが，同資料は2004年を最後に発行されていない。2004年版の長野県男子軽作業員賃金の日給は11,940円であり，年間就業日を280日とすると賃金額は334万円となる。問題は2004年の数値を2016年の分析に用いることができるかということであるが，『賃金構造基本統計調査』（厚生労働省）によると，2004年から2016年にかけて男子の全国・産業計所定内給与額（月額）は0.4％の上昇（333.9千円から335.2千円）にとどまることから，賃金上昇の可能性は捨象できる。また，この間の『消費者物価指数（総合）』（総務省）は2.7％の上昇であり，これを加味すると343万円となる。

次に「非年功」グループの７人であるが，35歳以上61歳未満で恒常的に就業する者は全体で18人なので39％が「非年功」であり，非年功型雇用が厚みを持って存在しているといえる。なお，「非年功」７人のうち６人は正規雇用であり，正規雇用といえども雇用劣化とは無縁でないことが分かる。このことは第２節で検討した，正規雇用の劣化とも整合的である。また，「非年功」グループと「年功」グループとの相違点は転職が見られることである。過去５年以内に転職を経験した者は７人中２人で，30歳以降の転職が見られなかった「年功」グループとは異なる。

以上より，対象地域における男子の正規雇用は年功賃金を形成する者と非年功型雇用とによって構成されることが明らかとなった。労働力の選別すなわち雇用劣化を確認したわけである。

ここで，年功賃金での就業が支配的な「近畿型地域労働市場」であることが確認されている，中川村と同じ上伊那郡に属する宮田村[19]の賃金構造との比較により，非年功型雇用が層を形成する地域労働市場の特徴について考察しよう。

氷見（2017）は2009年の宮田村における30～59歳の男子賃金構造について，正規雇用での就業が主で年功賃金が形成されていること，14人中11人（79％）が勤労者世帯の平均家計費[20]を超える賃金を得ていることを指摘した。そこで対象地でも同様の比較を試みる。なお，上記の分析で用いている『家計調査結果』（総務省）の関東は都市部も含まれるため，農村部の家計費としては割高であると考えられるが，氷見（2017）の強調点は，宮田村の青壮年男子の賃金は割高な家計費すら超える水準であったということである。

では中川村Y集落はどうか。2016年の関東・２人以上・勤労者世帯の年間実支出額は522万円であった（総務省統計局『家計調査結果』）。この金額を勤労者世帯の平均家計費として**第8-2図（1）**と比較すると，「非年功」グ

19）宮田村は中川村の北約15kmの位置である。

20）『家計調査結果』（総務省）の関東の２人以上・勤労者世帯の実支出額を平均家計費としている。

ループでこの金額を超える者が存在しないことが分かる。

以上をまとめると，青壮年男子について「近畿型地域労働市場」である2009年宮田村と比較し，対象地域の特徴として非年功型雇用が層を形成していることを指摘できる。宮田村との相違点は，同じ郡内とはいえ調査対象地域が異なることによる地域差である可能性も否定できない。とはいえ，雇用劣化が全国的な動向であること，**第8-2図**において男子青壮年（61歳未満とする，本章以下同様）に過去５年以内すなわち宮田村2009年調査より後の転職が例外とはいえない頻度で見られることを踏まえると，2009年宮田村と中川村Y集落の相違点は単なる地域差ではなく，中川村Y集落も元々は「近畿型」であったが，それが劣化して今日の状況に至ったものと捉えることが適当であると思われる（本書第３章参照）。

通常の定年年齢を超える61歳以上の者９人を見ると，うち７人は先に設定した勤労者世帯の平均家計費を下回る。また，９人中５人（56％）は非正規雇用であり，61歳未満における29人中４人（14％）と比べて多い。もっとも，定年後に賃金額が下がることと非正規雇用になることは全国的な動向であり，対象地域で特別に見られることではない。むしろ注目すべきは相対的に賃金額の高い65歳団体職員と66歳A社社員である。前者は金融機関の役員であった。後者はA社の役員であり，賃金構造図中で最高年齢かつ最高賃金額である。農業法人での就業が最も高い賃金額を実現していることは特筆に値する。

２）女子

30歳以上61歳未満の女子についても，男子と同様に加齢に伴う賃金上昇が見られる者（５人）と見られない者（12人）とに分かれている。加齢に伴う賃金上昇が見られない者の賃金水準が男子よりも低く100万円台に集中している点と，雇用形態がパートを中心としている点（12人中７人，58％）を男子との差異として指摘できる。これらのことは「近畿型地域労働市場」である2009年の宮田村でも同様であり（曲木 2016），対象地域に特別なことではない。

3）小括

男女別に賃金構造分析を行なった結果，男子について非年功型雇用が層として形成されていることが明らかとなった。これは，青壮年男子については年功賃金での就業が支配的で，単純労働賃金が層としては検出されなかった2009年の宮田村とは異なる特徴である。女子については既存研究と異なる点は検出されなかった。

５．Y集落の農業構造

第8-2表，**第8-3表**，**第8-4表**は調査を行なった40戸を経営耕地面積の大きい順に並べて番号を振り，農業経営状況と世帯員，今後の営農意向について記載したものである。類型化は，まず青壮年の農業専従者がいる世帯について，主として土地利用型農業に取り組む世帯をⅠ形態，主として集約的作物に取り組む世帯をⅡ形態とした。次に青壮年の農業専従者がいない世帯について，販売目的の作付けがある世帯をⅢ形態，無い世帯をⅣ形態とした。以下では各形態の詳細を記述する。

1）Ⅰ形態

この類型に該当する１番農家はY集落最大の経営耕地面積を持つ農家であり，集落における農地の主な借り手となっている。農業所得は概ね年間1,000万円である。認定農業者であるが法人化はしていない。経営耕地は水田1,660ａ（うち借地1,300ａ），畑地60ａ（うち借地20ａ）である。

作付けは，水田がコシヒカリ1,600ａ，育苗用ハウス60ａ，畑地が長芋30ａと大麦30ａである。育苗はJAからの受託であり全量をJAへ出荷し，その内４割強を自家使用分として買い戻している。作業受託は全作業受託15ａ，田植30ａである。

基幹的労働力は両親と41歳長男で，同居の38歳三男は手伝い程度である。

第 8-2 表　調査対象世帯における農業経営概況（2017）

形態	番号	経営耕地（a）						貸付地（a）
		計	借地	販売目的の作付面積	水稲	その他	自家菜園	
I	1	1,720	1,320	1,720	1,600	育苗 60,大麦 30,長芋 30	0	0
II	2	210	90	210	210	果樹 210	0	0
	3	159	0	159	70	いんげん 30,野沢菜 59	0	0
	6	120	120	119	10	アスパラガス 82,ネギ 5	1	0
	15	87	40	47	23	プルーン 24	40	0
III	4	152	0	146	81	大豆 44,ナシ 9,長芋 6	6	0
	5	149	0	149	72	リンゴ 55,ナシ 18	0	0
	7	108	0	108	71	ソバ 33	0	24
	8	108	0	108	42	ソバ 20,リンゴ 29,スイカ 10,野菜 7	0	0
	9	103	0	100	100		3	30
	10	100	0	95	45	ソバ 50	5	0
	11	97	0	92	72	リンゴ 20	5	0
	12	91	0	91	25	リンゴ 30,長芋 23	0	0
	13	90	0	90	47	ソバ 43	0	0
	14	89	50	74	24	リンゴ 20（他 30a の予備地）	15	0
	16	85	0	85	35	リンゴ 40	0	0
	17	73	0	63	36	ソバ 22	10	16
	18	70	0	70	20	大豆 20,リンゴ 10,野菜 20	0	100
	19	58	0	58	33	リンゴ 25	0	45
	20	53	0	44	44		9	91
	21	52	0	52	22	花卉・野菜 30	0	28
	22	52	0	41	41		11	10
	23	46	0	36	36		10	0
	24	44	0	44	44	花卉 44	0	63
	25	39	0	21	15	キウイ 2,ウサギ 4	18	83
	26	36	0	36	0	リンゴ 15,ブドウ 14	0	72
	29	26	0	18	18		8	0
	30	25	0	15	0	リンゴ 15	10	82
	31	22	0	22	15	ネギ 4,インゲン 3	0	0
	36	13	0	13	0	リンゴ 13	0	92
IV	27	35	0	0	0		35	22
	28	27	0	0	0		27	20
	32	20	0	0	0		20	160
	33	19	0	0	0		19	8
	34	13	0	0	0		13	157
	35	13	0	0	0		13	0
	37	7	0	0	0		7	76
	38	3	0	0	0		3	56
	39	1	0	0	0		1	18
	40	0	0	0	0		0	35

注：1）「農家番号」は，2017 年調査時点における経営耕地面積の大きい順に農家を配列して付した。
　　2）空欄は該当事項が無いことを表す。
　　3）表頭「経営耕地（a）」における「自家菜園として作付」は，農地における自家菜園としての作付面積であり，屋敷地内の菜園は含まない。
（資料）2017 年 8 月，9 月に実施した聞き取り調査より作成。

第 8-3 表　調査対象世帯における世帯員と就業概況（2017）

形態	番号	世帯員と就業状況						他出者
		世帯主世代		後継者世代		その他		
		男	女	男	女	男	女	
I	1	70A	69A	41A，38D 正				次男 40F
II	2	48A	46A	12F	16F		72B	
	3	57A	56B パ				83B	長男 27F，長女 24F
	6	37B 臨	37A					
	15	57B パ	58E パ				83F	長女 25F，次女 23F
III	4	84A	80A					長男 50E，長女 57F，次女 54F
	5	85A	82A	57E 公*	55E 公*		15F*	
	7	85F		59D 正				孫 30E，孫 30E
	8	79A	80E					次女 40F
	9	90F	93F					長女 65E，長女夫 D，長男 58F
	10	60D 正	61F	30F 正	29F 契		90F	父 90F
	11	71A	71A	45E 正	36E 正	6F	9F	次男 43E，三男 43E
	12	77A						長女 51F，次女 48F
	13	50C パ				83E	80F	
	14	67E 役	65E パ	42E 役	35F	10F	8F，2F	長女 40F
	16	80C						長男 48F，次男 45F
	17	66E 正	65C	42E 公	37E 公	7F，5F	3F	
	18	83E	83E	56E 正*	56E 正*		30F 正*	次男 47F
	19	84A						長男 56E
	20	56C 公	52D パ	19E	28E 正，24E			
	21	74A 臨	69C	38E 正	34E パ	9F，3F	6F	
	22	50C 公	49E 正	24E パ				長女 26F
	23	65E 正	60E パ	38F 正	36F	9F	96F，7F，3F	長女 F，次女 F
	24		70A		45E 正			長男 42D
	25	83A	81B	50F	54 公 F			長女 56F
	26	80B	79B	41E 正	41E 正			長女 51E，長男 49E
	29	60C 正	56E パ	29E 正			81E	
	30		62A	34C 正	36E 正		32E 契，6F，3F	長女 28F，次女 25F
	31	82C	81C	48E 自	46F パ	23F 正，22F 正，18F		
	36	69F	62B パ	32E 正				長女 24E 公
IV	27	62D 契	58E パ	24F 正	25F パ	4F，3F		
	28	62C 契	63E 正					長男 30F
	32	66D パ	59E	27F 正			89F	次女 26F
	33	62E 契		23F 正	20F		83F	妻 53F（単身赴任）
	34	75F	72B	45E 自	44F 自	13F，10F，4F		
	35	75C	72C	44E 正				長女 46F
	37	73E	73E					長男 48F
	38	59F 正	49F 正	16F				
	39	63E パ	56E	26F				長男 31F
	40	66E 公	66E パ	40F 公*	40F パ*			

注：1）表頭「世帯員と就業状況」及び「他出者」における数値は年齢を示す。アルファベットは次の通り。A…年間農業従事日数 250 日以上。　B…同 150 日以上 250 日未満。　C…同 60 日以上 150 日未満　D…同 30 日以上 59 日未満。　E…同 1 日以上 30 日未満。　F…同 0 日。

2）表頭「世帯員と就業状況」における記号は次の通り。公…公務員・団体職員。　正…正社員。　契…契約社員。　パ…パート・アルバイト。　臨…臨時雇。　自…自営業。　*は敷地内で別居する世帯員。

3）空欄は該当事項が無いことを表す。

（資料）2017 年 8 月，9 月に実施した聞き取り調査より作成。

第 8-4 表　調査対象世帯の意向

形態	番号	意向	条件・備考
I	1	規模拡大	条件の良い土地であれば借地したいが，その分の条件不利地を返還したい。
II	2	規模拡大	頼まれたら借りる。
	3	現状維持	農業仲間が営農から引退したら縮小する。
	6	現状維持	高収益作物があれば規模拡大して導入したい。
	15	規模拡大	農業収入を増やすため。
III	4	規模縮小	労力的問題。
	5	現状維持	直接支払い制度廃止の動向を見極めて考える。
	7	規模拡大	定年退職したら農業収入を増やすために規模拡大したい。
	8	規模縮小	労力的問題。
	9	現状維持	長女夫婦に任せる。
	10	現状維持	転作ソバを水稲にしたい。
	11	現状維持	自身が営農できるうちは維持する。
	12	規模縮小	労力的問題。
	13	現状維持	
	14	規模縮小	勤めの都合で営農困難。
	16	規模縮小	体力的問題。
	17	現状維持	機械の更新時に縮小する。
	18	現状維持	
	19	規模縮小	労力的問題。
	20	現状維持	定年退職後に規模拡大したい。
	21	現状維持	労力的問題で縮小することも考えている。
	22	規模縮小	勤めの都合で営農困難。
	23	現状維持	
	24	規模縮小	労力的問題。
	25	規模縮小	労力的問題。
	26	規模縮小	労力的問題。
	29	現状維持	定年退職後に規模拡大することも視野に入れている。
	30	規模縮小	労力的問題。
	31	現状維持	
	36	現状維持	
IV	27	現状維持	
	28	現状維持	自家菜園の野菜を直売所に出荷したい。
	32	現状維持	
	33	規模縮小	勤めの都合で営農困難。
	34	現状維持	
	35	現状維持	
	37	現状維持	
	38	現状維持	
	39	現状維持	
	40	現状維持	

注：1）表頭「意向」は，規模拡大，現状維持，規模縮小の３択から１つを選択させた。
　　2）表頭「条件・備考」は対象世帯の自由回答。空欄は回答事項が無いことを表す。
（資料）2017 年 8 月，9 月に実施した聞き取り調査より作成。

長男は都内の大学を卒業後，神奈川県でプログラマとして勤めていたが，「長くする仕事ではない」と考えて2011年に退職・帰郷した。このとき両親は「農業をせずに勤めに出てもいいのでは」と長男に伝えたが，長男自身の希望で兼業をせずに就農した。三男は茨城県で16年ほどアルバイトをしていたが，2014年に帰郷して近所の精密機械工場に正社員として就職した。他に水田の草刈りのために，2014年からはシルバー人材センターの高齢者を年間15人日雇用している。常雇は入れてない。

今後の希望としては条件の良い農地があれば借地したいが，その分現在借地している農地のうち条件が悪い土地を返還するとのことで，現状以上の面積に拡大することは考えていない。

2）Ⅱ形態

Ⅱ形態には，世帯主が青年時から農業に専従していた世帯（２，３番），新規参入者（６番），農外就業を早期退職後に専業農家となった15番の４世帯が該当する。いずれの世帯も果樹や野菜の作付面積が水稲の作付面積を超えており，集約的作物を展開している。また，２，６，15番の３世帯では計250ａの借地があり，Ⅱ形態はⅠ形態ほどではないものの農地の受け手として機能している。

3）Ⅲ形態

Ⅲ形態には25世帯が該当した。この形態には今後の農業維持が困難になると危惧される世帯が存在する。４，５，８，12，16，19，25番の７戸は，主に農作業を行う世帯員が後期高齢者となっている。これらの世帯における青壮年の農作業従事は，５番で同居の50歳代夫婦による農作業手伝い，４，19番で他出長男による農作業手伝いがどちらも年間30日未満見られる以外にはない。現在農作業に従事する後期高齢者である世帯主世代の営農リタイア時に，農業継承がスムーズに行われない危険性がある。というのは，16番を除くと世帯主世代の年間農業従事日数は250日以上あり，現在の農業従事日数が少ないか全く無い後継者にとっては継承するにはハードルが高いからである。また，16番の年間農業従事日数は７戸の中では少ないが，後継者世代は皆他出しており農作業の手伝いをしていないので，継承は困難であると考えざるを得ない。したがって今後，７戸から農地貸出しの希望が出現する可能性がある。以上の７戸に準じる状況にある世帯が11番と21番である。どちらも主に農作業を行う世帯員は70歳を超えている。11番は同居の後継者世代の年間農作業従事日数は30日未満にとどまっており，21番は後継者世代の農作業手伝いは無い。先の７戸に比べれば世帯主世代の体力的限界による営農リタイアまでの時間的余裕をある程度は見込めるが，そうはいっても農業継承の困難が予想される。

残る16戸は農業に踏みとどまっている。内訳は，既に後継者が継承している世帯５戸（10，13，17，20，22番），他出者含め後継者世代に支えられながら農業に取り組む世帯３戸（７，９，24番），一人あたりの年間農作業従事日数は少ないものの世帯員が協力しながら農業に取り組む世帯３戸（14，18，23番），既に縮小しており販売目的の営農が不可能になったとしても自家菜園として自作を維持する余地がある（Ⅳ形態化する可能性がある）世帯５戸（26，29，30，31，36番）である。

Ⅲ形態では計736aの貸付地がある。一方で借地をする世帯は14番のみで面積は50a，差し引き686aの貸付超過であり，対象地域における農地供給源となっている。そして農地供給源というⅢ形態の性格は今後一層強まる可能性がある。というのは，先に見た今後農業を維持することが困難になる可能性が高い７戸（４，５，８，12，16，19，25番）の現在の経営耕地（全て自作地）は682aにも達するからである。

４）Ⅳ形態

この形態には10世帯が該当した。農業生産の担い手としては脆弱化しているが，貸付けすべき土地は既に貸し出されており，残った自作地を自家菜園として利用しているので，これ以上農地を貸出しに回す可能性は低い。

Ⅳ形態では35番以外の９戸に計552aの貸付地があり，Ⅲ形態と並んで対象地域における農地供給源となっている。

５）小括

対象地域においては，青壮年の農業専従者を有し土地利用型農業で展開するⅠ形態が放出される農地の大部分を吸収し，一部を集約的農業で展開するⅡ形態が吸収している。

以上のように農業で積極的な展開を図る世帯が見られるものの，全体としては農業生産の担い手の脆弱化傾向が見られる。特に，Ⅲ形態におけるこれまで農業に踏みとどまってきた世帯では，農業従事者の高齢化が進み体力的限界が近づいているが後継者への農業継承は進んでおらず，将来的にはⅣ形態へ転化する可能性がある。そしてⅢ，Ⅳ形態のいずれでも農外就業に就く青壮年が自家農業に積極的に取り組もうとする動向は見られなかった。

このような状況に対し，農地の大部分を吸収してきたⅠ形態は現状以上の面積拡大を希望していない。その一方でⅡ形態やⅢ形態の一部では規模拡大の意向が見られる（**第8-4表**）。こうした世帯が農地を引き受けられれば農地の潰廃には至らないが，Ⅱ形態は集約的作物で展開する経営，Ⅲ形態で規模拡大を希望する世帯は農外就業の定年退職後の拡大希望であり，借地余力はこれまでのⅠ形態ほど大きくはないと考えられる。彼らの拡大意欲を超える規模でⅢ形態の農地放出が進む場合には，その際に供給される農地を引き受ける主体が誰なのかということが問題となるだろう。

以上，対象地域は兼業滞留構造へ回帰しておらず，その兆候があるとも言い難い状況にある。

６．雇用型法人経営A社の労働力構成

本節では常雇労働力を導入してY集落で展開するA社について分析を行う。

1）A社概要

A社はY集落に立地しネギとイチゴを栽培している。2018年3月時点の経営耕地面積は595a，内訳は所有地100a，借地495aである。作付けは葉ネギ150a，土耕太ネギ300a，イチゴ120a，イチゴ・ネギ苗20a，水菜5aであり，葉ネギとイチゴ，イチゴ・ネギ苗，水菜は施設栽培（水耕栽培）である。また，イチゴは観光農園である。

販売額は全体で約3億円あり，内訳はネギが約2億円，イチゴが1億円（それぞれ苗の販売額を含む）となっている。経常利益は2千万円である。聞き取りでは多額の特別損失を計上するような経営の変動がなかったことから，純利益は経常利益と概ね等しいと推察される。

A社は，代表取締役であるM氏と，M氏のかつての同級生であるO氏によって1999年に設立された。設立時点でM氏はリンゴ作農家，O氏は工場で農外就業に就いていた。設立にあたっての目標は，自然環境に左右されず通年就業が可能な農業の実現である。目標を実現するためハウス栽培を行うことになり，作物は収穫期が夏季であるネギと冬季～春季であるイチゴとした。当初の規模はネギ栽培棟1ha，イチゴ栽培棟50aであった。初期投資として栽培施設建設と土地購入に5億円を要した。初期投資の資金は田畑を担保とした農協からの借入れ2.5億円と経営基盤確立農業構造改善事業による補助2.5億円とで確保した。

その後2003年に50aを借地してイチゴ棟を建設，2005年にM氏から50aを借地してネギ栽培棟を建設，2006年に20aを借地してイチゴの育苗施設を建設した。2011年には20aを借地してイチゴ苗栽培棟を建設した。2013年からは3haを借地して土耕太ネギの栽培を開始し現在に至る。2003年以降の規模拡大に際して5億円を借り入れた。返済は順調に進んでおり現在の借入金残高は7,000万円である。

2013年から始めた土耕太ネギ以外はハウスでの水耕栽培である。ハウス内で行う水耕栽培は日照以外の天候に影響されることがないため，A社では

「準隔離農業」と称している。また，収穫した葉ネギはA社で根切りから個包装まで行う。栽培から包装まで一貫した生産ラインとなっており，設備の建設費は１ライン１億円である。A社の農業は高度に資本集約的であるといえよう。

今後の経営方針は海外進出である。A社は，少子高齢化のため日本国内で今以上に農産物の消費量が増えることはないと考えている。海外進出にあたっては，葉ネギ栽培施設を台湾に建設して収穫物を台湾内で販売することを目指しており，すでに現地で台湾企業と合弁会社を設立してハウス建設に着手している。台湾におけるネギの土耕栽培は台風の被害を受けることが多く，A社は自社が得意とするハウス水耕栽培による「準隔離農業」に優位性があると判断している（台湾では水耕栽培は行われていない）。さらに台湾で生産した葉ネギをシンガポールへ輸出することも検討している。

2）労働力

労働力構成は役員５人，男子正社員３人，女子正社員15人，パート25人，外国人実習生６人である。雇用劣化が進む対象地域において，雇用型法人経営が労働力にどのような就業条件を提供しているかを検討するため，それぞれの就業条件について記述する。

役員構成は代表取締役がM氏，専務がO氏，常務がM氏の弟，取締役がO氏の長男とB氏の２人である。役員報酬については賃金構造分析で既に述べた通りである。O氏の役員報酬は賃金構造図中で最高額であり，O氏の長男の役員報酬は５百数十万円で男子「年功」グループに属している（**第8-2図**）。

男子正社員は20歳，21歳，51歳の３人で全員ネギ部門を担当している。51歳の社員は東京都で大工として勤めていたが2011年に帰郷しA社での就業を開始した。年間賃金額は560万円で，**第8-2図**と比較すると同年代の「男子」年功グループに属する水準である。仕事内容は，後述する女子社員が行う作業の準備とネギ生産ラインの統括であり，A社内のより複雑な労働に従事している。20歳と21歳の社員は高卒時に採用し現在に至る。２名の今後の処遇であるが，正社員として無期雇用するとの回答を得た。ただし昇給や技能形成・昇進の予定については未定とのことである。

女子正社員はネギ栽培部門とイチゴ栽培部門に振り分けられている。ネギ栽培部門は10人で年齢は36～63歳，50歳代後半が大半である。イチゴ栽培部門は５人で30歳代１人，40歳代２人，50歳代２人である。女子正社員はライン作業に貼り付けられており，仕事内容は単純労働である。通年雇用であり１カ月間の平均勤務日は24日となっている。賃金は時給制で900円から1,100円，賞与は年１回一律10万円である。月額２万円の役職手当が４人，月額１～２万円の母子家庭手当が４人に支払われている。以上の時給，賞与，手当から試算した女子正社員の年間賃金額は217から287万円となった[21)]。この金額は**第8-2図**女子で層をなしている100万円代の賃金水準と比較すると高いが，賃金単価は時給900～1,100円であり，**第8-2図**女子における100万円代の者の賃金単価と変わらない。A社女子正社員の年間賃金額の高さは労働時間の長さ（フルタイム・常勤）に由来していると言える。

パートは季節雇用である。A社の正社員の定年年齢は男女共65歳であり，定年退職した者をパートとして雇用している。ネギ栽培部門とイチゴ栽培部門それぞれの繁忙期に別々のパートを雇用している。時給は800～900円，労働時間は各々であるが最高で104万円である[22)]。

外国人実習生はネギ栽培部門３人，イチゴ栽培部門３人であり全員女性である。出身地はインドネシアとミャンマーである。農協を監理団体として受け入れている。

3）小括

労働力に注目すると，A社では役員，男子正社員，女子正社員・パート・

21）試算は次の通りに行なった。{時給単価（900～1,100円）×１日あたり労働時間（８時間）×１月あたり勤務日（24日）＋手当（０～２万円）}×12月＋賞与（10万円）。

22）最高額の試算は次の通りに行なった。時給単価（900円）×１日あたり労働時間（８時間）×１月あたり勤務日（24日）×６月。

外国人の３層が存在することを指摘できる。役員は主として経営管理に従事しており，創業メンバーの報酬額は対象地域の賃金水準と比較すると最高であることはすでに述べたとおりである（**第8-2図**）。O氏長男の役員報酬は現状では**第8-2図**中で飛び抜けて高いわけではないが，創業メンバーの跡取りという立場を考えれば，今後は現在のO氏の水準まで上がっていくことが予想される。

男子正社員のうち，51歳はネギ生産ラインの統括というやはり複雑な労働に従事しており，男子「年功」グループに匹敵する賃金を受け取っている。

以上の，複雑労働に従事して役員報酬又は年功賃金を受け取る役員及び51歳男子正社員とは対照的な労働力が女子正社員とパートである。これらの労働力はA社内の単純労働に充てられており，熟練を形成して賃金額が大幅に上昇することはない。また，女子正社員向け手当のうち唯一仕事内容と関係のある手当に役職手当があるが，その上限は１月あたり２万円であり，これも賃金額を大幅に上昇させるものではない。パートには手当自体が存在しない。

このように，A社では，労働力は役員・複雑労働正社員・単純労働従事者の３層に選別されている。A社は労働力を，複雑労働に従事し熟練を形成して高い報酬あるいは年功賃金を受け取る者と，単純労働に従事し相対的に低い賃金を受け取る者とに選別しているのである。

このような状況は，山崎（他）(2018）が「近畿型地域労働市場」の地域に限定して行った，法人経営は複雑労働に従事する役職員には高い就業条件を提供する一方で，パートといった不安定な雇用の単純労働力によって前者の原資を作るという議論と共通する。

ただし，山崎（他）(2018）の議論での単純労働力とは，男子の年功賃金での就業が支配的な中での女子パートに限定されていた。また単純労働力の賃金水準も年間84～128万円（山崎（他）2018：p.25）であり，正規雇用でフルタイムでの就業であるA社女子正社員の年間217～287万円とは異なる。以下，これら相違点について４節で述べた非年功型雇用の増加との関わりで検討しよう。

山崎（他）（2018）の議論で用いている2009年宮田村男子の賃金水準は，勤労者世帯の平均家計費を一般的な労働者世帯の家計費として参照するならば，単独で平均家計費を満たす水準であった。このことは本章第３節で氷見（2017）を引用しながら述べたとおりである。男子単独で一般的な勤労者世帯の家計費が実現されるので，女子の賃金水準は家計補充的なもので十分である。年間84～128万円という賃金額は被扶養を意識[23] しているものと考えられ，家計補充的性格を表していると言える。山崎（他）（2018）の事例の低位な女子パート賃金には，こういった背景がある。

では中川村A社はどうか。女子正社員の賃金を，**第8-2図**の男子「非年功」グループを参照しながら先に提示した平均家計費522万円と比較するならば，「非年功」グループで一番低い賃金275万円に252万円[24] を足すと527万円となり，平均家計費を充足することが確認される。A社の女子正社員の賃金はパートのような短時間勤務の家計補充的なものではなく，フルタイムで勤務することで「非年功」男子の賃金と合算して家計費を確保する家計分担的な賃金と判断できる。このことの背景には，雇用劣化が進み男子単独では平均的な家計費を充足できない，あるいは将来充足できるようになる見込みのない非年功型の雇用が厚みを持って存在するという対象地域の地域労働市場構造がある。つまり，雇用劣化がフルタイム女子労働力の供給圧として作用している。A社と山崎（他）（2018）との相違点は，対象地域が雇用劣化地域であることを反映した結果であると考えられる。

なお，今後の処遇について明確な回答が得られなかった20歳と21歳の男子正社員についても，ここで論じておこう。彼らが年功賃金を形成するか否かは現時点では分からない。ただ，年功賃金形成の見通しがはっきりとしない

23）社会保険では扶養の対象となるのは年間130万円未満である。所得税の配偶者特別控除については105万円を超えると満額を受けることができなくなる（当時，現在は150万円）。

24）女子正社員賃金額の最低額217万円と最高額287万円の中間をとった。

にもかかわらず雇用できているという点は，雇用劣化の影響の現れであると言えよう。「近畿型」のように年功賃金が支配的であるならば，そのような将来見通しでは青壮年男子をつなぎとめることができないからである。特に以上の２名のような新卒者ならば尚更である。

７．結論

雇用劣化が進行した今日の労働市場では非年功型雇用が厚みを持って存在している。本章は，雇用劣化が進み農業就業が相対的に魅力を増していると考えられる中での農業構造と雇用型法人経営の実態を明らかにすることを課題として分析を行った。

その結果，賃金構造分析からは対象地域において，男子青壮年に非年功型雇用が層として存在していることと，その一方で年功賃金を形成するグループも存在することが明らかとなった。複雑労働従事者と単純労働従事者を選別する傾向が農村にも出現しているのであり，友田（2002）の指摘を実態として確認したわけである。この点については，2009年の宮田村との比較から，この間に対象地域で雇用劣化が進行したものと推察された。

こうした状況下で，一部には土地利用型作物で規模拡大した世帯や，集約的作物に取り組むことで青壮年の農業専従者を確保する世帯も見られた。とはいえ対象世帯の支配的な傾向は規模縮小の進行であり，農業継承が進まず農業生産の担い手としては脆弱化しつつあった。対象地域では，農外就業条件が悪化する中でも青壮年労働力が自家農業で積極的に展開しようとする動向は見られず，兼業滞留構造へ回帰しつつあるとは言いがたい状況であった。

このように対象地域では兼業農家の世帯が劣化した農外雇用に依存して農業を縮小する中で，雇用型法人経営が形成されてきた。事例とした法人経営A社では，複雑労働力に対して，農外企業の年功賃金と同程度かあるいはそれ以上の役員報酬，賃金を実現していた。しかし，そのような高い就業条件が経営内で選別された労働力に対してのみ提供されていたことも事実である。

高就業条件の複雑労働従事者の一方には，彼らを上回る人数の低就業条件で従事する単純労働力が存在していた。ただし，農外企業では青壮年男子にも非年功型雇用が層を形成しているのに対して，事例のA社では単純労働従事者は女子と高齢パートに限られており，なお農外企業とは異なる点が残っている。とはいえ，労働力に対して選別的に行動している点は農外企業と同様である。

以上のように，雇用劣化は必ずしも農業の就業条件を低下させるわけではない。そうではなく，農業内部で労働力を複雑労働従事者と単純労働従事者に選別させるのである。雇用型法人経営は，農外企業で進む雇用劣化に立脚する形で労働力を利用している。

整理すると，兼業農家は自家農業に就業の場を見出すことができずに，劣化する農外雇用に依存しながら規模縮小・離農に向かっていく。こうした中で雇用型法人経営は，雇用劣化によって家計分担的な就業の必要に迫られた女子労働力を，単純労働賃金でフルタイム雇用することで労働力を確保し展開しているのである。

なお，本章は雇用劣化と雇用型経営の増加という現在進行中の事象に潜む論理の抽出を試みた研究であり，そのために事例分析を行ったものである。したがって本章で描写した状況が，現時点における農業法人の平均的な姿であるかどうかは別問題である。とはいえ，賃金構造と賃金水準の地域差は共に縮小の傾向にある（氷見 2020b）ことに鑑みれば，本章の結論には現時点においてもある程度の普遍性があると考えられるが，それには更なる実態解明が必要であろう。地域労働市場と雇用型経営に関する研究の蓄積が期待される。

第９章　中山間地域における組織経営体の存立形態
――長野県飯島町の農業法人を事例として

１．課題と方法

中山間地域に関する一部の先行研究では，農外就業先が乏しいという前提のもと議論がなされてきた。しかし，土地利用指標を用いて旧村ごとに区分された中山間地域には，多様性が存在するはずである[1)]。そこで本章では，山崎（他）(2018) で打ち出された「近畿型中山間」の概念を継承し，地域労働市場の地域性を織り込みつつ中山間地域における組織経営体を分析していく。

しかし，山崎・氷見（2018）で「近畿型地域労働市場」の崩れが指摘されていた。そこで本章の課題を，地域労働市場の最新の展開状況を受けて，中山間地域の組織経営体がどのような経営展開をしているか検討することとする。方法としては，山崎（他）(2018) で分析された長野県飯島町のD法人への聞き取り調査（2018年３月，８月）と設立時から14年間分にわたる総会資料（決算報告書を含む）を基に経営の分析をしていく。

調査対象地である飯島町では，1974年から1986年にかけて圃場整備事業が実施され，大型の農業機械を導入し，13の水稲協業組織が設立された。しかし，1980年代初頭から農業従事者の減少が顕著となり，大規模農家の少ない飯島町では地域農業を担う新たな仕組みが必要となった。そこで，地域農業の企画立案を行う組織として，1986年に飯島町営農センターが全農家参加のもと設立した。1989年には，町内の４つの地区（旧村）ごとに地区営農組合

１）橋口（2008）では，農業地域類型区分が農地の条件不利性を明確に表しておらず，「“中山間地域”の多様性」が生じているとした。そして，本来であれば農地条件（補助のための傾斜条件）を揃えたうえで，世帯構成（家族構成）と労働市場展開度を比較してこそ，条件不利地域の農業問題の分析ができうるとした。

が設立され，13あった水稲協業組織は各地区営農組合の機械利用部へと再編されている。

その後，土地利用型農業の強化を目的に，各地区営農組合のいわゆる２階部分として地区担い手法人が設立されることとなった。こうして2005年以降，各地区で設立されていった地区担い手法人は，地区営農組合が所有する機械を借りることで農作業の受託をしている。本研究で調査をしたD法人は，N地区の地区担い手法人となる。

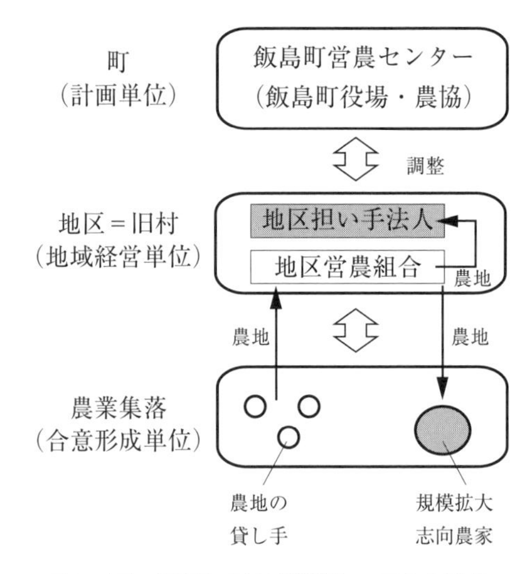

第9-1図　飯島町の地域農業システムの構成

（資料）市川（2011），星（2015）をもとに作成。

以上の展開過程を経て，飯島町では町全体の農業振興の方針を「飯島町営農センター」が定め，４つの地区ごとに「地区営農組合」が農業機械などの財産管理や農地貸借の調整を行い，「地区担い手法人」が農作業の受託をするといった地域農業システムが構築されている（**第9-1図**）。

２．農業法人の経営分析

１）D法人の概要

D法人は，飯島町N地区の土地利用型部門を担う農業生産法人である。設立までの経緯を紹介していくと，先ず2003年にN地区営農組合の総代会において営農組合担い手法人検討委員会の設置が決議された。検討委員会での議論の末，地区営農組合の作業受託部門である機械利用部を２階部分として法人化することが望ましいという方針が出された。この方針は2004年度の総代会で承認され，全戸を対象とした法人化に対するアンケート（回収率

93.6％）でも前向きな回答が得られた。これを受けて資本金300万円，社員数15人で2005年にD法人は設立された。

先行研究の山崎（他）(2018）では，2012年に調査したデータを中心に，一部の項目については追加調査データを用いて2016年ごろまでの経営状況が分析されている。本研究では，設立時の2005年から2018年までの各年総会資料を利用し，決算報告書からわかる経営動向などを新たに分析する。これに加え，2018年３月，８月と2019年12月に行った聞き取り調査の内容をもとに「衛星的な法人」の最新の展開状況をみていく。

２）役職員の構成

山崎（他）(2018）によると2012年時点で27人の社員であったが，その後５人が退職し新たに６人が社員となったので，2018年には28人となり平均年齢は71.6歳であった。そのうち役員は，社長を含む取締役が10人，相談役（前社長）が１人，監事２人，ブロック長４人となっている。社長以外の取締役は2012年時点で総務，経理，栽培を担当する３人であったが，2018年には作物別・機械別に担当する分野を明確化したことで９人に増えている[2)]。また山崎（他）(2018）では役員の年金について，「全員が，国民年金に加えて，厚生年金，市町村年金，JR共済年金といった比較的恵まれた被用者年金を受給している。」と確認されている。新たに就任した取締役は，学卒後から専業農家である１人を除き，60歳頃まで地元の製造業や農協に勤務しており，恵まれた被用者年金を受給していることが示唆される。

2012年より後に入社した社員について見ると，2015年に２人（①65歳と②66歳），2016年に３人（③65歳，④67歳，⑤70歳），2017年に１人（⑥63歳）となっている[3)]。その中でD法人に入社する前の就業先がわかっている４人

２）取締役の内訳は，経理担当部長，営農担当部長，栽培部長，果樹部長，機械部長，機械利用部長，コンバイン部長，トラクター部長，田植機・稲作担当部長となる。

３）年齢はいずれも入社当時のものとなる。

について詳しく述べると，②と③は製造業に勤務，④は民間企業に勤務（業種は不明），⑥は公務員であった。

D法人では，同社に出資をしている者を社員として数え，それ以外にD社に臨時で勤務をする者をパートとして名簿管理している。2018年の社員名簿には19人のパートが確認でき，社員はすべて男性だがパートには４人女性がいた。

3）賃金・報酬

役員の報酬は，まず社長が月額で４万５千円となっている。その他は年額で，取締役と相談役が６万円，ブロック長が２万円，監事が２万円である。社長以外の役員は，この役員報酬に加えて作業内容ごとの労働時間に応じた勤務賃金が支払われる。役員を除く社員・パートも出役に応じた勤務賃金を受け取るわけだが，その時給は農業機械のオペレータが1,950円，刈払機による草刈が1,530円，その他の単純作業は1,000円となっている。この勤務賃金は，2017年に最も多く支払われた社員で年間約170万円程度であった。

基本的には，以上の役員報酬と勤務賃金が賃金・報酬に該当するわけだが，D法人から社員が受け取る収入を算出するために水管理手当もみていく。水管理手当は，圃場の水管理を請け負っている社員に対して支払われるもので，一番多い社員で年間６万８千円が支払われていた。

仮にこれら３つの項目がそれぞれ最高額で支払われたとすると，約183万円となる。このD法人からの収入は，単独では家計費約308万円[4)]を賄えない水準であり，被用者年金との合算を前提とした所得水準と言える。

4）農作業の内訳

D法人の農作業に関する資料は，2017年の４，５，８，９月の作業ごとの各社員の労働時間のデータを提供していただいている。加えて，2017年のすべ

4）総務省『家計調査年報』（2017年）の関東の総世帯平均。

第9-1表　D法人における2017年各月の勤務賃金支払い額

	支払金額（円）	主な作業内容
1月	14,000	トラクター整備
2月	465,799	栗剪定
3月	676,447	栗剪定，麦追肥
4月	977,361	畦畔整備，代掻きオペ
5月	3,555,029	代掻きオペ，田植機オペ，トラクターオペ，草刈
6月	2,745,329	
7月	2,079,098	
8月	2,983,808	草刈，大豆消毒，トラクターオペ
9月	4,213,388	コンバインオペ，草刈，稲刈補助，大豆消毒
10月	2,057,575	
11月	2,112,909	
12月	88,342	ハウス片付け
合計	21,969,085	

注：1）作業内容ごとの労働時間は，4，5，8，9月について資料を収集した。この4か月以外の詳細は不明だが，資料の備考欄に作業内容が一部記載されていたので，支払額が100万円以下の月は作業の種類も少ないと考え，参考までに記載した。
（資料）2017年各月の勤務賃金支払い明細書。2017年4，5，8，9月の労務管理分析表（いずれもD法人より提供）。

ての月ごとの勤務賃金額のデータも提供していただいた。

これらのデータから，2017年の月ごとの勤務賃金額と主な作業内容を**第9-1表**に示した。1月と12月は支払額が少なく，特段の農作業はないようである。2月と3月は栗に関する作業が中心で，支払額は比較的少ない。一方の5月から9月にかけては，水稲の作業が多いことから支払額も多くなっているとみられる。以上のように，D法人では月ごとの労働時間にバラツキがある。そのため社員を通年で雇用していくならば，年間を通じた労働量の平準化が必要となる。

中山間地域においては，畦畔面積が大きな割合を占めるため，その草刈に多くの労働力を投下しなくてはならない。D法人の草刈に投じた労働時間は，5月が339時間で全体の16.2%，8月が929時間で全体の52.2%，9月が498時間で全体の19.5%となっている。この状況から，D法人では畦畔の草刈が経営上の重要な課題といえる。

2005年の設立時から2018年までの経営耕地面積の推移は，**第9-2表**の通り

第 9-2 表　D 法人の作付面積　（単位：a）

年次	水稲	大豆	ソバ	大麦	栗	リンゴ	野菜	育苗ハウス	計
2005	366.2	228.6	0	0	54.5	0	0	0	649.3
2006	912.8	496.5	0	0	0	37.7	0	0	1447
2007	1133	564.1	0	89.7	55.5	37.7	0	0	1880
2008	1351.3	567.2	0	89.7	55.5	37.7	0	0	2101.4
2009	1659.5	470	0	182.3	55.5	21.7	18.7	0	2407.7
2010	1730	546.5	0	119.5	96.8	21.7	236.1	0	2750.6
2011	2061.6	512.6	321.2	367.8	105.8	34.9	0	0	3403.9
2012	2326	178.4	313	484.1	105.8	34.9	0	0	3442.2
2013	2775.5	326.7	344.6	428.5	105.8	27.2	0	0	4008.3
2014	2947.1	360.3	443.9	399.7	105.8	27.2	0	0	4284
2015	3418.1	347.6	567.2	550.3	105.8	27.2	0	0	5016.2
2016	3344.5	415.2	797.8	741.2	105.8	27.2	0	0	5431.7
2017	3182.3	607.2	860.9	762.7	105.8	27.2	0	18.7	5564.8
2018	3262.8	357.7	707	750.2	105.8	27.2	0	18.7	5229.4

注：1）表中の「－」はデータなし。
（資料）「D法人定期総会資料」（各年次）より作成。

である。2018年の経営耕地面積は51.6haで，N地区の総経営耕地面積216haに占める割合は23.9%となっている。その推移を見ると，設立時からつねに増加をしてきていたが，2018年にはじめて減少に転じている。ソバを栽培していた350aの農地（p.207上段）を返還したことで，この減少が起きたのである。この農地は，N地区内でも標高が高く傾斜がきついところにあり，周囲を林野に囲まれているため獣害も大きい。獣害への対策として，サル用の囲い罠（p.207下段）も設置されている。さらに，この農地に入る道は未舗装で農業機械の走行に適しておらず，畦畔も補修が行き届いていないため農業機械が進入する際に崩壊する危険性がある。このようにD法人が耕作する農地のなかでも，営農上の条件不利性がとくに甚だしいため，農地の返還に踏み切ることとなった。ただし，返還してもそのままでは荒廃してしまうので，飯島町外の農家がクルミを栽培することになったうえで返還が合意された。

こうした条件不利な農地があるのは，D法人が貸付依頼のある農地をその都度，五月雨式に引き受けてきたからである。そのため圃場の分散も著しい状況にある。

また聞き取り調査では，標高は高いが標高差が小さいため作業時期が集中

D法人が2018年に返還した農地

（資料）Google Map（権利帰属：画像©2020 Maxar Technologies,地図データ2020）
https://goo.gl/maps/PUQ8xNoy5ppiD9V28（2020年１月30日閲覧）。

返還農地に設置されているサル用の囲い罠（2018年，久恒撮影）

し，D法人で管理が行き届くのは40haほどが限界としていた。すでにその限度は超えており，現状以上に農地を引き受けるのは難しいとみられる。

5）経営指標

D法人の総会資料に記載されている13カ年分の決算資料をまとめたものが**第9-3表**である。先ず10a当たり人件費について見ると，2010年度から着実に減少してきていることが確認できる。これは次の３点によって，労働時間をそれまでよりも短くすることができた成果だと考えられる。１点目は，傾斜地での使用に適している自走式草刈機（スパイダーモア）の導入である。2018年時点までにその草刈機を計９台導入しており，畦畔の草刈作業を効率化することができたとみられる。２点目は，肥料の追肥を無くした点である。それまで使っていた水稲の肥料から，一発施肥の「オンリーワン」を使った栽培に2013年頃から変えているのを，聞き取っている。**第9-4表**の肥料費の項目を見ると，経営耕地面積の増大にくらべてあまり増えておらず，肥料の節約がなされていると確認できる。３点目は，作付け構成の変更である。**第9-2表**を見ると，D法人では水稲の作付けが多いが，2011年から10a当たり

第 9-4 表　D 法人の物財費　（単位：千円）

	2010年度	2011年度	2012年度	2013年度	2014年度	2015年度	2016年度	2017年度
種苗費	2,238	2,720	3,240	3,000	3,751	3,957	3,604	4,032
肥料費	3,352	4,721	3,121	3,514	3,888	3,897	4,268	3,620
農薬衛生費	2,217	2,643	2,709	2,973	3,583	2,916	3,162	3,353
動力光熱費	1,484	1,648	1,595	1,983	2,177	1,739	1,734	1,741
諸材料費	0	0	308	426	889	149	294	103
土地改良水利費	406	465	496	548	654	710	735	702
賃借料	3,296	3,591	3,772	1,046	1,117	4,383	4,157	1,203
租税公課	0	0	0	0	0	343	345	398
減価償却費	5,744	6,754	11,459	8,075	8,381	5,510	8,354	10,227
リース料	-	-	-	3,543	3,775	40	297	2,487
修繕費	2,577	2,496	1,580	1,978	2,079	4,411	2,124	3,314
消耗品費	545	488	30	0	0	577	40	142
物財費計	21,859	25,527	28,310	27,086	30,295	28,630	29,114	31,320
10a当たり物財費	79	75	82	68	71	57	54	56

（資料）「D法人定期総会資料」（各年次）より作成。

第 9-3 表　D 法人の損益計算

（単位：千円）

項目　内訳	2005	2006	2007	2008	2009	2010	2011	2012	2013	2014	2015	2016	2017
売上高（a）	23,985	26,959	33,603	31,022	51,600	47,639	38,044	59,834	53,435	55,981	54,447	70,049	63,299
売上原価（b）	8,507	11,748	21,921	15,391	37,092	44,117	48,466	53,739	53,871	56,002	57,664	60,811	62,376
製造原価	-	-	-	-	37,110	44,117	48,466	53,739	53,871	56,002	57,664	60,811	62,376
うち材料費	-	-	-	-	8,580	2,212	2,695	3,611	3,333	4,408	4,106	3,898	4,135
うち労務費	-	-	-	-	11,184	17,298	17,998	20,230	21,343	19,928	22,007	24,786	24,881
うち経費	-	-	-	-	17,346	24,606	27,774	29,898	29,195	31,666	31,552	32,127	33,360
売上総利益（c=a－b）	15,478	15,211	11,682	15,631	14,508	3,522	-10,422	6,095	-436	-21	-3,218	9,238	923
販売費及び一般管理費（d）	13,543	18,355	19,130	23,594	10,040	15,076	7,198	7,915	8,887	5,594	4,923	7,275	4,630
うち役員報酬	-	1,087	1,240	1,500	1,660	2,040	2,140	1,840	1,780	1,880	1,900	1,950	1,190
うち給与手当	-	7,123	9,191	9,814	129	0	122	0	0	0	0	0	0
うち従業員賞与	-	-	-	-	-	0	0	0	0	0	0	0	0
うち法定福利費	-	-	-	-	-	0	0	0	0	0	0	0	0
うち厚生費	-	-	-	-	434	0	0	151	0	0	0	0	7
営業利益　（e=c－d）	1,935	-3,145	-7,448	-7,963	4,468	-11,554	-17,621	-1,820	-9,323	-5,615	-8,141	1,963	-3,707
営業外収益　（f）	799	6,340	8,500	9,471	12,137	15,269	10,916	9,748	12,937	10,007	16,109	8,700	6,368
営業外費用　（g）	0	1,842	80	44	30	15	0	0	103	18	12	0	1
経常利益　（h=e+f－g）	2,734	1,354	973	1,464	16,575	3,700	-6,704	7,928	3,510	4,374	7,956	10,663	2,660
特別利益　（i）	0	0	0	0	0	2,295	4,140	582	1,565	10,686	0	2,000	0
特別損失　（j）	0	0	0	0	2,440	0	0	7,978	4,136	14,291	6,732	8,604	0
税引前当期純利益（k=h+i－j）	2,734	1,354	973	1,464	14,135	5,995	-2,564	532	940	770	1,224	4,059	2,660
法人税，住民税及び事業税（l）	0	899	62	283	0	2,435	71	71	298	203	101	765	403
当期純利益　（m=k－l）	2,734	455	911	1,181	14,135	3,560	-2,635	461	642	567	1,123	3,294	2,257
人件費（n）	-	-	-	-	13,407	19,338	20,260	22,221	23,123	21,808	23,907	26,736	26,079
営業活動に要する費用（b+d）	-	-	-	-	47,132	59,193	55,664	61,654	62,758	61,597	62,588	68,086	67,006
n/（b+d）　（%）	-	-	-	-	28%	33%	36%	36%	37%	35%	38%	39%	39%
10a 当たり人件費	-	-	-	-	56	70	60	65	58	51	48	49	47
10a 当たり営業利益	30	-22	-40	-38	19	-42	-52	-5	-23	-13	-16	4	-7
10a 当たり経常利益	42	9	5	7	69	13	-20	23	9	10	16	20	5
10a 当たり税引前当期純利益	42	9	5	7	59	22	-8	2	2	2	2	7	5
10a 当たり当期純利益	42	3	5	6	59	13	-8	1	2	1	2	6	4

注：1）人件費は，製造原価のうち労務費と販売費及び一般管理費のうち役員報酬，給与手当，従業員賞与，法定福利費，厚生費を合計したもの（網掛け部分）。表中の「－」はデータなし。

（資料）「D 法人定期総会資料」（各年次）より作成。

投下労働時間[5]の少ないソバなども増えてきている。

経常利益は，2011年度以外は黒字を達成している。しかし，経常利益から補助金を除いた営業利益については，2005，2009，2016年度以外は赤字になっている。そのためD法人は，生産物の販売と作業受託のみでは経営が立ち行かないというのが実態である。これまで積み立てられてきた純利益の合計は約2,850万円ある。さらに農業経営基盤強化準備金も約1,950万円が積み立てられており，これまでには2015年に約1,070万円，2017年に200万円を取り崩しコンバインの取得に充てている。

物財費をまとめた**第9-4表**をみると，10a 当たり物財費が2015年度から以前よりも低い水準となっている。その要因としては，栽培基準が異なる水稲の導入があげられる。県の栽培基準から農薬と化学肥料を半分以下に減らした環境共生米が2014年度から導入されている。その結果，10a 当たり物財費が減ることとなった。

6）農業機械

2018年時点でD法人が所有している農業機械は，トラクター５台，コンバイン11台，乗用田植機８台である。山崎（他）(2018) では，2012年時点では営農組合が所有しD法人へリースする機械がいくつかあった。その内訳は，トラクター５台，コンバイン６台，乗用田植機６台，歩行用田植機３台であった。しかし，営農組合が所有していた機械は徐々に廃車などで減ってきており，機械はD法人の所有に切り替えが進んできている。田植機は８台のうち２台が４条植えで，残りが６条植えとなっている。この４条植えについては，小さい圃場での作業に利用しているとのことだった。

7）今後の経営

地域内に会社員を退職した40歳代の認定就農者が２人おり，個別経営とし

5）2017年の『農業経営統計調査』によると10a当たり投下労働時間の全国平均は，米が26.76時間，大豆が3.22時間，ソバが7.14時間である。

て農業経営を拡大していく意向があるので，D法人の借地の一部をその２人の借地に移し替えることが決められた。2020年にもその２人に農地をまわす予定で，その規模は約3.5haとなっている。

D法人では女性の草刈機講習会を実施し，自走式草刈機の操作方法を説明し実際に草刈機を使った作業を体験してもらっている。2018年時点で女性のパートが従事していたのは，主に栗拾いや栗選別であったので，中山間地域で大きな負担となる畦畔除草のために地域内にある労働力を活用していこうという努力がうかがえる。

８）N地区内の法人

N地区内には栗を生産するN法人がD法人とは別にあり，山崎（他）(2018) で分析がなされているので引用して紹介する。N法人は2012年に設立され株主が12人で資本金300万円となっており，2015年から栗の生産を始めている。2015年時点で６人いた社員の年齢構成は78歳，81歳，75歳，74歳，74歳，60歳となっており，いずれも農外就業を経験したために比較的恵まれた被用者年金環境にあることが示唆されている。畑地9.5haを無地代で借地しているが，第２次大戦中に食料増産を目的とした開墾地で，傾斜がある上に水源から離れているため用水が得にくい。

N法人では，D法人が耕作している農地よりも条件不利なところを，より粗放的な栗の生産で担っていることが確認できる。このことから水田作を担うD法人と，より条件不利な傾斜地を利用するN法人とで役割分担がなされていると言える。

３．結論

近年の中川村と宮田村の地域労働市場では，「近畿型の崩れ」が確認されている（本書の第１章，第３章，第８章）。青壮年の中に単純労働賃金水準の者が，もはや例外的とはいえない頻度で検出された。こうした雇用劣化が起きている状況の下では，青壮年の就業先の選択肢として農業が浮上してくるはずである。山崎（2015c）では，「近畿型」の農業生産力の担い手が越えなくてはならないハードルは，働いている者に対して高い就業条件を提供しなくてはならない分だけ高くならざるをえない，と指摘されている。しかし「近畿型の崩れ」が起きている現状ではそのハードルも当然，低くなっている。そして，D法人への聞き取りから，地域内に新たに農業経営の拡大を志向する就農者が現れてきたことが確認できた。今回の場合は，個別の経営展開であるが，今後は組織経営体として「中核的な法人」が展開していくことが期待できる。

次に高年齢者の雇用促進政策を受けて，２地域の賃金構造にも60歳以上の高年齢者において２分化する賃金格差が生まれていることが検出された。これは60歳で定年を迎えて雇用継続をする際に，多くの企業が賃金を含む就業条件を調整することに起因する。それによって，定年前と同じ賃金で継続雇用される相対的に高賃金な層と，定年前より安価な賃金で継続雇用される相対的に低賃金な層に２分化していた。衛星的な法人としては，相対的に高賃金な農外就業延長者を雇用するのは困難である。また相対的に低賃金な農外就業延長者についても，賃金以外の社会保険などが農外就業先の方が充実していると考えられ，衛星的な法人が雇用していくのは容易ではない。D法人の事例では，新入社員の年齢は63歳の１人を除き65歳以上であり，高年齢者の雇用促進政策の影響がうかがえる。このように，衛星的な法人では高年齢者の農外就業延長により，労働力の確保が以前より困難になったと言える。

次にD法人の最新の経営状況を分析した結果，衛星的な法人で農業生産の粗放化が起きていることが明らかとなった。この粗放化については，10a 当たり人件費の減少や農薬・肥料の節約による10a 当たり物財費の減少といったことから導き出せる。こうした粗放的な農業生産の背景には，労働力の不足がある。この点については先にふれたように，高年齢者の雇用促進による農外就業延長の結果として，衛星的な法人での労働力不足が引き起こされたのである。またD法人においては，これまであまり取り組んでこなかった女性労働力の活用に着手するなど，不足した労働力をいかに確保するのか経営的な努力が図られていた。

またN地区では，D法人以外に栗を生産するN法人が存在している。この２つの法人は，それぞれ恵まれた被用者年金を受給する高年齢者がその労働力であることから，衛星的な法人と確認できた。この両者においては，D法人が大型の農業機械のオペレーションが必要な水田作を担い，N法人は粗放的な栗の生産でより条件不利な農地を担うといった役割分担がなされている。N法人はD法人よりも高齢な社員で構成されており，労働力が不足するなかより高い年齢層が労働力に位置付けられている。このような役割分担に基づく，衛星的な法人の重層構造が形成されていることがN地区の事例から明らかとなった。

以上をまとめると，衛星的な法人は条件不利な農地も含めた地域の農地の維持を使命としているが，地域労働市場の変容による高齢労働力の制約で労働力の不足に直面している。その対応として，衛星的な法人では農業生産の粗放化と複数の衛星的な法人による重層構造が形成されていた。また今後の展開としては，雇用劣化を背景とした「近畿型」における青壮年が農業に参入していくことが期待される。

残された研究課題としては，高齢者の年金受給額に基づいた分析がある。衛星的な法人は，恵まれた被用者年金を受給する高年齢者を労働力の供給源とするが，その供給源の枯渇も今後想定される。「近畿型の崩れ」というかたちで検出された雇用劣化が今後も続いていくとするなら，青壮年期の不安定な就業に基づいた低位な年金受給者が多く生み出されることになるだろう。しかし，その状況が現れるのは数10年先のことであり，検証するのはそれを待たなくてはならない。

第10章　「近畿型の崩れ」下における土地利用型法人の経営展開
——長野県飯島町田切農産を例に

1．課題

これまでみたように本書の方法的立場は，地域労働市場の存在形態が，労働力の農外就業・農業への配分を決定づけ，結果として地域の農業構造を規定する，というものである。このような立場からは地域農業システムの分析においても二つの論点が与えられる。第一には，地域農業システムにおける事業内容に，地域労働市場・農業構造の様相との連関をみようというものである。伊那谷のごとく「近畿型」地域労働市場・農業構造においては，農外就業に傾斜する農家による農地放出が進み，地域農業システムとしては，農地の面的集積を行ってこれに応える主体が期待される。とはいえ，地域農業システムを構成するのもまた，同じ地域に生きる人格ないしはその就業先なのであり，彼らも地域内の他就業機会そしてそこでの就業条件から独立ではいられまい。人々は地域内の多数の就業条件を比較し，時には自らの就業条件の改善を要求し，場合によってはその就業機会から離脱することもあろう。とりわけ「近畿型」地域労働市場のような，好条件の就業機会が一定程度賦存するのであれば，その就業条件の有り様は産業間競争を通じて農業に対しても，その中の地域農業システム主体にも，「一個の社会強制」（山崎（他）2018）として滲出していく。本書のように地域労働市場を基底とする方法的立場に立つとき，地域農業システム研究は第二に，こうした連関をも論点化しうるのである。

新井・山崎（2015）はそのような認識から，飯島町の土地利用型法人を対象に，事業展開と構成員の就業条件を，「近畿型」地域労働市場，そしてその下での農業構造と関連づけたのであった。そして後述のように，男子青壮年の正規構成員を抱える土地利用型法人が，構成員に対して提供すべき高い就業条件，そのための高収益性作物生産，結果として制度当初の地域からの期待――地域の農地維持の機能発揮――と齟齬をきたしていく事態を報告したのであった。

では，基底をなす「近畿型」地域労働市場が性格変化した際には――「近畿型の崩れ」の下では――どのような地域農業システムが成立するのか。本章ではこれを，飯島町の土地利用型法人の経営展開を事例に論じる。近年の労働市場は，新自由主義的資本主義への移行とともに，労働力の区分――複雑労働と単純労働の峻別――および後者の就業条件の不安定化が進んでおり，青壮年の非正規職の増加など雇用形態の変化，賃金水準の低下として現象している（山崎・氷見 2019，氷見 2020a）。高齢者についても，企業による定年年齢の引き上げや高齢者の退職後の継続雇用が広がっている。もちろんその第一義的な要因は資本の論理以前に，一般的な定年年齢と年金支給開始年齢（引き上げ）との接続期間の費用を，雇用者に負担させようとする日本の社会保障政策の弱体化に求めるべきであろう。しかしながら「近畿型」地域を特徴づけてきた相対的高賃金や充実した被用者年金環境が，後退してきていることも確かである[1)]。

さて山崎（2015c），山崎（他）(2018) は，伊那谷のような「近畿型」であると同時に「中山間」地域に位置する土地利用型法人に，２類型を見出している。第一は高齢者すなわち農外就業の退職者らから構成された「衛星法人」，飯島町でいえばN地区のD法人である。彼らは土地利用型作物の栽培に

1）労働政策研究・研修機構（2020）は，60歳代前半の継続雇用に関する調査報告をまとめている。それによれば継続雇用者の雇用形態のうち最多のものは「嘱託・契約社員」(57.9％)，「パート・アルバイト」も25.1％に達する一方で，正社員も41.6％であった（複数回答)。賃金水準について，60歳直前の賃金を100とした61歳の賃金は75.2であった（60歳定年のある企業の「平均的な水準の人」の賃金平均)。定年以前に比べて雇用形態や賃金水準としては劣るが，後述の高齢者労働力をめぐる競争でいえば，「就業条件を度外視」した環境では決してないともいえる。

専心し，条件不利地も含めた農地の集積という，地域からの期待によく応えてきた。主要構成員が高齢者に集中するという実態は，このことと深く関連している。生活そのものが充実した厚生年金で支えられ，言い換えれば賃金で再生産費用を賄う切迫感のない，「社会的労働日の枠外にある」（山崎 2015c：p.245）主要構成員らは，地域の農地維持という使命感も加わって，高収益が期待できない土地利用型作物生産であっても任に当たってくれるからである。しかし近年は，一層増大する農地の引き受け要求に，対応が困難となってきているようであるが（本書第9章）。

しかし構成員に青壮年を抱える，第二の類型の法人（「中核法人」）ではそのようにもいかない。そこでは法人は，「近畿型」の「社会強制」を受け，賃金をはじめ高い水準での就業条件提供に取り組まざるを得ず，そのことが法人を，高収益性作物の生産に傾斜させる。「中山間」地域にあってそれは，土地利用型作物ではなく，その結果法人の事業方針と地域からの期待とが対立する。この性格を帯びている田切農産は，「中核法人」としての純化の途と，制度当初の主旨でもある農地の面的集積要請――土地利用型作物生産の要請でもある――とのはざまで苦悩していた。

衛星法人にせよ中核法人を追求するにせよ，両法人は，自らを包摂する「近畿型」地域労働市場の規定の中で，男子年齢選別的労働力構成と，それに対応した事業方針との組合せを，選びとっていったのである。この調査を行ったのは2012-13年にかけてであったが，その時点での伊那谷は，「近畿型」の特徴を保持していた（曲木 2016，本書第2章）――少なくとも両法人の労務管理のあり方は「近畿型」地域を前提としていた――といえる。では，「近畿型の崩れ」（山崎・氷見 2019，氷見 2020a）が進行する局面において地域農業システムがどのように変容するか。これを，新井・山崎（2015）で観察した土地利用型法人のうち，本章では主に田切農産を事例にその労働力構成と事業展開について検討しよう。同法人への調査は2017年7月，2021年11月に現地調査を行い，また2020年7月に電話で聞き取りを行った。

ときに，飯島町を事例に地域農業システムの変化を捉える理由について触れておこう。伊那谷の地域農業システムとしては何より宮田村[2)]の「宮田方式」が全国的にも著名であるが，これは「近畿型」地域労働市場に即応していないものであった（曲木 2015)。確かに同制度では農外就業の深化に伴う農作業受委託の仕組みを整えたのであるが，制度設計時点の「東北型」地域労働市場・農業構造を前提に，その地代制度は，農地貸借が一定の限界内になければ制度会計を圧迫するという仕組みを内包しており，したがって厚い自作農の維持が目論まれたのである。しかし当地の地域労働市場は1990年代にははっきりと「近畿型」へと移行し（曲木 2016，本書第2章)，そのため地域農業システムとの間に齟齬が生じているというのが，本書著者らの共通認識である。「近畿型」から生じる農地資源の維持管理要求については，集落別に結成された集団耕作組合や，後には全村的な農事組合法人，農地維持組織が対応してきたが（本書第5章，第6章)，その耕作が農家の出役を基礎とし（組織へのオペ専従者なし)，事業領域に販売がないことは，これら生産組織が個別経営の補完的な位置にあること，つまり「宮田方式」が個別経営をその基礎的構成要素とする地域農業システムであることを示している。地域労働市場と農業構造が地域農業システムを規定するには，タイムラグが伴うと捉えるべきであろう。

宮田村の地域農業システムが，「近畿型」の要請に即応しきれていないのに対して，1980年代半ばの構想にその起源を遡ることのできる（星 2015）飯島町「飯島方式」は，「近畿型」地域労働市場・農業構造を前提に構築された地域農業システムである。すなわち，「近畿型」の下で増加する農地貸借への対応を使命としており，地区内の耕作困難な地権者からの農地については基本的には受け入れる姿勢である。旧村領域を単位とする農地調整・耕

2）宮田村と飯島町は同じ長野県上伊那郡に属し，本書第3，4章で扱う宮田村N集落は，飯島町田切地区の北約10km（自動車で約20分）の位置にあるほど近接している。そのため本章は，飯島町の地域労働市場の性格を宮田村N集落と同一なものとして措定している。

作・販売を行うことで，農地の受け手としての活動空間と事業領域を大きくしている。またいわゆる「二階建て方式」を採用し，一階部分にあたる地区営農組合が農地の集積・利用調整業務を担当し，田切農産（土地利用型法人）は二階部分として，専従者を確保しながら直接耕作し，販売事業にも取り組む。「地域農場制」とも呼ばれる現在のこの仕組みは2004年，飯島町全体で今後の地域農業の在り方を検討する中で再編成されてきたものである（本書第９章　**第9-1図**参照）。「近畿型」そしてその崩れと地域農業システムとの対応関係をみる上で好適な事例といえよう。

２．田切農産の事業展開と労働力構成

１）事業の展開

長野県上伊那郡飯島町田切地区の土地利用型法人「田切農産」は，飯島町「地域農場制」構想の下で，田切地区営農組合（農地利用調整や作業委託の取りまとめを行う）とともに，同地区の農業生産と農地維持の担い手である。2005年，地区の農家全戸（約240戸）の出資により設立され，当時33haであった経営耕地面積は利用権設定を通じて拡大を続け，2019年時点には84.7haに到達している。経営部門としては土地利用型作物（水稲47.3ha，ソバ17.8ha，大豆7.1ha，飼料稲4.9ha，いずれも収穫面積）が目立つが，多品目の野菜の生産・販売も特徴的である。なかでもネギとアスパラガスは，同法人の８つある部門のそれぞれ１部門ずつを構成しており，特にネギは収穫面積4.2ha（2019年度）と，土地利用上も目立っている。主要機械としてはトラクター３台（85ps，65ps，55ps），田植機２台（８条植），コンバイン４台（６条刈），大豆選別機１台，飼料稲用コンバイン１台を所有している。これらの機械は大半が，地区営農組合が購入し田切農産がリースする形を取っていたが，田切農産の経費節減のため償還年数に達したこれら機械をほぼ無償で譲り受けるよう続けた結果，2020年にはほぼ全ての機械が田切農産所有である。

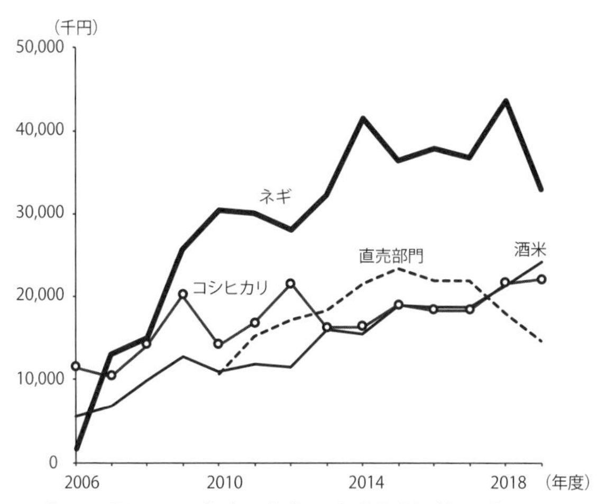

第10-1図　田切農産の作物・事業部門別売上高

（資料）田切農産総会資料（各年）より作成。

田切農産の売上のうち主要なものを**第10-1図**に示している。同法人は土地利用型作物のうちでは水稲，その中でも高い販売価格を実現できる酒米の生産に力をいれており，その売上げは2013-18年度には全体の15％前後，2019年度には18.4％と，コシヒカリを上回っている。収穫面積も20.6haと水稲全体の半分近くに達している（2019年度）。コシヒカリも減農薬栽培としてJA上伊那を通じて販売され，その価格もまた売れ行きも堅調であるが，田切農産としては実需者との関係が強固な酒米生産に魅力を感じているとのことである。

なお，生産調整の廃止を受けて以降，水稲以外の土地利用型作物生産が縮小している。飼料稲生産は転作助成水準の低下に伴い，2013-15年の8.0haをピークとして減少を続け，2019年度には4.9haである。大豆も，収穫面積19.5ha（2011年度）に達した年もあったが，2019年度には7.1haに落ち込んだ。ソバは例外で，製粉業者に加えて新たな販売者や地域内のグループとの間の契約栽培が始まり，17.8ha（2019年度）にまで拡大した。

土地利用型作物の生産にあたり，主要機械作業は同法人が担当するが，その他の作業，特に水稲作の水管理や畦畔除草作業については，地区営農組合をはじめとする地区の団体や個人，地権者への委託を進めている。土地利用型作物生産でも機械作業による効率化が発揮しにくいこれら作業を外部化し，同法人の常勤者を，収益性の高い作物の生産・販売に専念させる仕組みである。地区営農組合が2015年に法人化して以降はそれも一主体としながら，一層外部化が進んでいた。ここに田切農産による事業の選択と，その結果として地域の農地維持については後退ともとれる指向を，見てとることができよう。

野菜生産はネギ，アスパラガス，トウガラシなど多岐にわたる。中でもネギには力を入れ，2007年以降一貫して売り上げの25～35％（2019年度では25.2％）を占めている（**第10-1図**）。ほかにもトウガラシや，最近ではアスパラガスが高収益の作物として位置付けられている。新井・山崎（2015）で指摘した同法人の，高収益性作物生産への注力が，その後も維持されていることがわかる。ネギ，トウガラシの生産にあたり，地区内の農家を組織し彼らに生産を委託し，田切農産はその加工販売を行うという仕組みは継続しているが，高齢化で生産者が少なくなったことが悩みではある。

田切農産はいわゆる6次産業化にも積極的で，2010年に直売所を開設・運営している。同法人の農産物・加工品を中心に販売するこの直売所の売上げは，2017年度まで売上高全体の15％を超える水準で推移していた。なお2018年度以降の直売所売上高減少は，近隣の主要国道沿いに別の直売所が開設されたことによる影響とみられ，同法人の直売所事業に関する方針の転換を意味するものではない。

以上のような田切農産の多様な事業展開は，同法人の専従的労働力が担当してきたが，その確保のための費用，端的には人件費の上昇圧力となる。実際同法人の，営業活動に要する費用（売上原価と販売費・一般管理費の合計）に占める人件費の割合は，2011年度には20％を，2014年度には30％を超え，それ以降も30％を超える水準で推移してきた（詳細は鈴木・新井 2022）。ただし労働力の構成には新井・山崎（2015）からの変化もみられる。次にこれをみよう。

2）労働力構成の変化

(1) 常勤役員・正規社員

第10-1表に田切農産の常勤役員・正規社員を示す（2013年，17年，21年）。「近畿型」下で青壮年を雇用する田切農産は，その労働力確保にあたり，賃金水準をはじめとする就業条件において，地域の農外就業と対抗する必要があった。賃金への公的補助制度を積極的に利用していたのもこのためであり，具体的には「農の雇用事業」の受給が可能な者（ID4，6，8）に対してはこれを同時に「委託生産者」としても登録し，彼らにはその委託料収入を稼得させ賃金に加算する，あるいは，冬期に地域内で発生する，他の臨時就業機会への従事を認める，などの対応を取ってきた（新井・山崎 2015）。

第10-1 表　田切農産の正規構成員

ID	年齢[注2]	性別	2013	2017	2021	2021 年の職務内容
1	60	男	■	■	■	取締役，農作業 OP[注3]，事務
2	60 歳台	男	■	■	■	野菜担当副部長
3	50 歳台	男	■	■	■	ネギ担当部長
4	40 歳台	男	■	■		水稲転作部長
5	50 歳台	男	■			（離職前：水稲担当部長）
6	30 歳台	男	■			（離職前：水稲担当部長）
7	40 歳台	女	■			
8	30 歳台	男	■			（離職前：水稲担当部長）
9	30 歳台	男		■	■	野菜担当部長
10	20 歳台	男		■	■	
11	20 歳台	男		■	■	
12	20 歳台	男		■		
13	20 歳台	女		■		
14	20 歳台	男		■		直売所担当
15	30 歳台	男			■	水稲担当部長
16	30 歳台	男			■	
17	30 歳台	男			■	
18	30 歳台	女			■	製粉・精米担当部長
19	30 歳台	女			■	精米・通販担当部長
20	30 歳台	女			■	

注：1）色で塗りつぶされている部分がその調査時点での在籍者。
　　2）年齢は，離職者については離職前の時点。他は 2021 年。
　　3）OP＝オペレータ
（資料）2013 年，2017 年および 2021 年聞き取り調査による。

では2021年ではどうか。まず，冬期に田切農産での業務が増えたこともあり，外部の臨時就業機会に就くものはいなくなっていた。賃金に関する公的補助制度については，現在「農の雇用事業」の受給者はいないものの，積極的に活用する姿勢にある。田切農産の常勤役員・正規社員は計12名と，2013年調査時から４名増えたが，2013→17年の間に５名（ID4 ～ 8）が離職し６名（ID9 ～ 14）が正規社員として採用，2017→21年の間に３名（ID12 ～ 14）が離職し６名（ID15 ～ 20）が採用されている。なおID10 ～ 13が障碍者（20歳台）で，「トライアル雇用助成金」や「特定求職者雇用開発助成金」といった賃金への補助制度を適用した。また，先述の「農の雇用事業」の受給期間満了者３名のうち２名が，2017年までに同法人を離職し近隣で就農した。これは同法人が，地域内に農業経営体を育成する機能を果たすと同時に，同法人が年功的賃金上昇を回避できたことも意味する。

それでは田切農産が提供する就業条件，とりわけ賃金水準は，地域の中でどのような位置にあるのだろうか。2017年の構成員の賃金水準を，本書第３章（澁谷 2020）にみた宮田村N集落男子の農外就業賃金水準（2019年）と比べてみよう（**第10-2図**）。田切農産の年間の役員報酬・正規社員賃金は，20歳台で250万円前後であり，障害者４名も190 ～ 210万円とこの水準付近に位置している。同法人の40歳台１名の250万円という水準は，宮田村N集落男子40歳台（正規職）の11名のうちでは，１名にみられるのみで，残る10名は450万円以上に達していた。50歳台については，田切農産の56歳取締役は500万円だが，ほか２名の社員はそれぞれ約200，360万円であり，やはり宮田村N集落男子の正規雇用の年間賃金水準を下回る。しかし，宮田村N集落男子非正規雇用の賃金水準と比べると，それより上回っている。

ときに**第10-2図**中の宮田村N集落男子賃金には，近年の「近畿型」地域労働市場における雇用劣化が顕在化しており，それは具体的には，正規雇用の賃金水準の低下や非正規雇用の存在として現れていた。その「近畿型の崩れ」下において田切農産の構成員の賃金水準は，地域の正規雇用としては相対的に低位であるが，正規雇用と非正規雇用との間に横たわると表現されよ

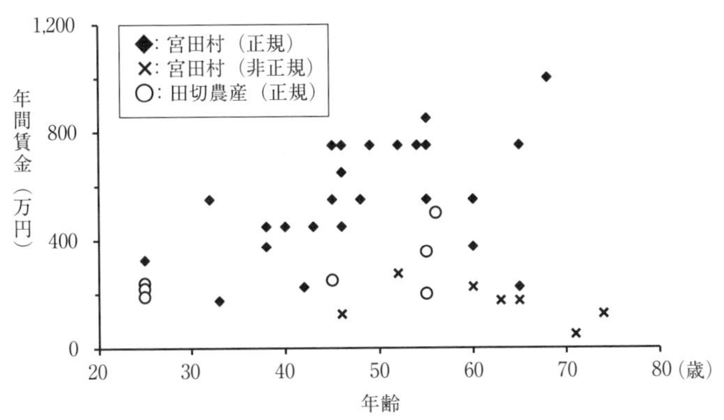

第10-2図 田切農産構成員（正規）の年間賃金
―2019年宮田村賃金構造（男子）との比較―

（資料）本書第3章の調査結果および筆者聞き取りより作成。

う。ここで強調したいのは，地域に増加しつつある非正規雇用のもつ圧力である。2013年調査時での同法人は，「近畿型」農外就業機会への労働力流出を警戒し，それを原動力としながら構成員の就業条件を整備する――雇用形態＝正規職であることは大前提で，それに加えて就業条件を向上させる――べく，腐心しているように理解された。しかしながら2021年においては，地域を覆う雇用劣化を前に，そうした警戒感をいささか解くことも可能となっているようである。「長野県全体が低賃金化している，自分達は正規でも雇うが，今は正規で雇う必然性がなくなった」とは，2020年聞き取りで得られた田切農産役員の発言であるが，「近畿型の崩れ」段階の地域労働市場に生きる労働力需要側の状況判断を，よく表しているといえよう。そうした実態認識や判断と呼応するかのように，同法人の主たる労働力構成には，次に述べる非正規青壮年男子の雇用という選択肢も，入ってくるのである。

(2) 常勤非正規社員

2013年調査結果と比べ注目されるのは，2017年には田切農産にいる非正規の社員18名（**第10-1表**の外数）の中に，ほぼ常勤（年間180日以上）で働く男子が5名おり，労働力の1つの核をなしていることである。その内訳は，農外就業を定年退職した60歳台２名，30歳台３名である。中核的な労働力として，青壮年を高い就業条件で雇用する方針が，同法人に貫徹しなくなっていることを表している。またこのうち２名が部長に就くなど，非正規雇用者に組織の大きな役割を担わせている。2013年時点，非正規・臨時職としては地区営農組合の代表（あて職，役員），農作業繁忙期の補助員（男子・女子），直売所での販売員（女子）がおり，彼らに同法人の運営の重責を担わせる姿勢は希薄であったことからすると，大きな変化である。非正規社員の賃金は時給900～1,500円（毎年昇給，５年目で1,200円となる見込み）であるから，雇用形態は非正規でも実質的に高い就業条件で遇しているという訳ではない。非正規での就業は，60歳台２名については年金受給要件を考慮した本人らの申請であったということだが，30歳台男子については被雇用者からの積極的な希望とは考えにくい。後者のような青壮年非正規の雇用でも成立する点に，当該地域における雇用劣化の広がりをみることができる。

3）「近畿型の崩れ」下の土地利用型法人の事業展開

以上述べたような労働力構成変化を背景に，田切農産の機能にも変化が生じている。2013年時点で同法人は，「近畿型」並の就業条件を常勤役員・正規社員に提供すべく，結果，農地の面的集積には慎重にならざるをえず，地区農地の耕作を依頼されれば，まずは地権者自身や他の経営体の耕作可能性なども模索したのである。もちろん最終的に受け手がいなければ同法人が耕作を引き受けたのだが。新井・山崎（2015）は，地域労働市場から要請される収益性追求と，地域からの農地維持期待とのはざまで悩む法人として，田切農産を描いたのであった。

当時の同法人の面的集積の方針は2014年にとりまとめられた「人・農地プラン」にも看取することができる（**第10-3図**）。「人・農地プラン」は地区で調整された，田切農産と地区の主な個別経営が将来耕作する予定の農地である。これによれば，個別経営の農地がある程度のまとまりをなすことで，田切農産の耕作する農地は大きく二つのブロックに分かれ，そのブロック内

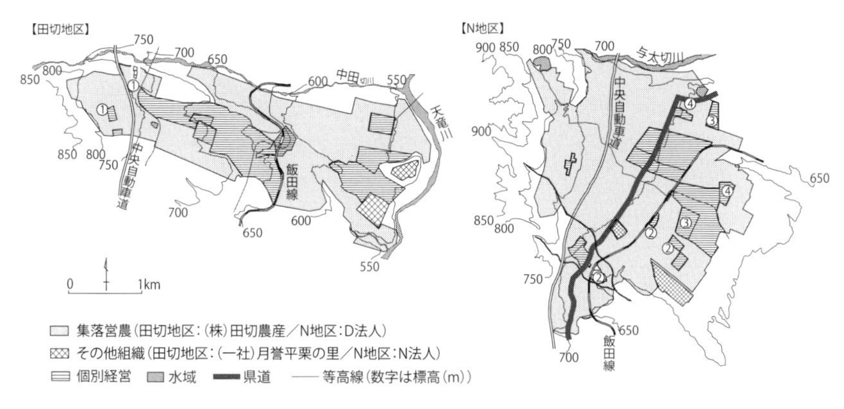

第10-3図　農地集積計画

注：1）図中の数字は標高を指す。
　　2）個別経営については一区画が一経営体の集積図に該当する。
　　　なお一経営体が複数の区画を耕作する場合は，同一の○囲み数字で示す。
（資料）「飯島町　人・農地プラン」（2017年度），国土地理院発行２万５千分の１
　　　地形図「伊那大島」（2014年12月調製）により筆者作成。

はよく連担するよう計画されている。また条件不利な土地の耕作についての，個別経営および同法人の慎重な姿勢が看て取れる。田切地区は全体が河岸段丘面上にあり，東から西にむかって緩やかに高くなり等高線800m付近から西は傾斜が急になる。同法人は，中央自動車道から西側部分については，緩やかな傾斜地に限定して農地に含めている。等高線800mより西はほとんど利用せず，現在含まれている農地も耕作契約の将来的な解消を検討している。集約的な作物生産にも力を入れる法人として，土地利用型作物に関しては分散錯圃を回避しつつ効率的に作業するという，姿勢と工夫が表明された土地利用計画であるといえる。

田切農産の農地集積に関する意向は，同じ飯島町内のN地区にあるD法人（本書第９章）の農地集積計画と比較することで，より鮮明になろう[3)]。D法人は田切農産と異なり，農外就業を定年退職した人々を構成員とすることで，報酬・賃金を低位に抑え，事業も，土地利用型作物の生産を通じた地域

3）D法人の衛星法人としての詳細は，山崎（他）(2018)。

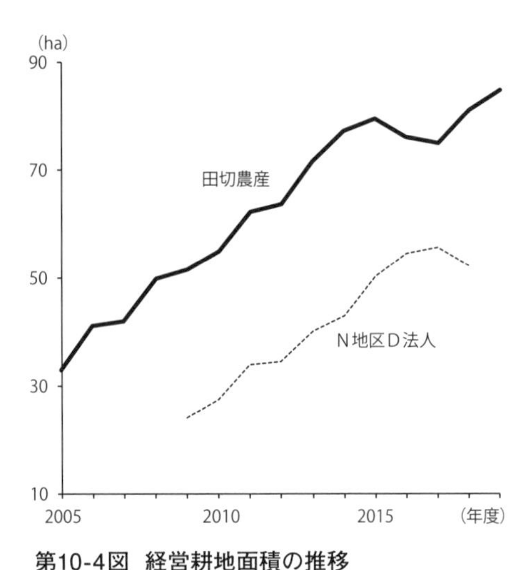

第10-4図　経営耕地面積の推移

（資料）両法人の各年度総会資料より筆者作成。

の農地維持に集中している。そして地区内の意欲ある個別経営は，東部の緩傾斜地に分散的に立地しており，それらの農地の外部に「虫喰い状」に残る農地を，D法人が利用している。N地区も農地が河岸段丘面上にあるが田切地区より傾斜がきつく，特に中央自動車道以西は傾斜地であるが，それらも同法人の耕境内に含めている。同地区内で借り手を探す農地については，個別経営が受けなければ基本的にはD法人が引き受けるため，地区の耕境ぎりぎりまで同法人が担う格好であった。

2020年時点ではこうした姿勢に変化の兆しがみられる。**第10-4図**にみるように田切農産は，設立以来2015年まで経営耕地面積を拡大してきたが，2015年の地区営農組合の法人化を機に，彼らも地域の営農主体として位置づけ，一方，田切農産の経営耕地拡大には慎重な姿勢を強化した。しかし2017年度からは再び面積を増加させた。この背景には田切農産で2017年以降充実した労働力の存在があり，その一つの核が非正規で専従的に従事する男子，しかも30歳台を含むものであった。

これと対照的に，D法人が経営耕地面積を減少させている姿が同図には示されている。近年の農外就業機会における高齢者再雇用の広がりを背景に，D法人の労働力が不足したことで，同法人の水稲作付面積は2015年をピークに減少し，ソバ等の省力的な肥培管理の作物に代えている。また営農上の不利性が著しい標高の高い地域にある農地を返還したり，地区の個別経営への借地移し替えが進んだりしている（本書第9章）。

3．結論

田切農産，D法人ともに，「近畿型」地域労働市場の下で，すなわち，農外就業が青壮年に提示する良好な就業条件と容易に比較されうる中で，地域農業システムを構成してきた主体である。「近畿型」下にあった両者は，労働力のターゲットをどこに置くか，特に男子青壮年を雇用するか否かで，「近畿型」の就業条件を専従的構成員に整備するという「社会強制」との，対抗必要性が決まり，それに媒介されながら，収益性追求を促迫されるか農地維持に徹することができるか，自らの事業内容を決定してきた。

田切農産は，構成員を主に男子青壮年に定めた結果，「近畿型」の「社会強制」を正面から受け止め，構成員の就業条件整備に奔走した。そのため事業内容では収益性追求を重視せざるをえず，集約的作物の生産に向かった。その結果，地域から期待された農地維持機能に対しては消極的になった。それでもなお，地域の農外就業機会と同程度の就業条件を提供するのは容易ではなかったのだが。一方，D法人は，年金受給によって生計を支える準備のある高齢者を労働力として集めることで「近畿型」の「社会強制」をかわし，事業としては土地利用型作物生産に専心し，地域からの農地維持期待によく応えていた。

「近畿型の崩れ」は，この「社会強制」が薄らぐことでもあった。地域の農外就業における雇用形態変化（正規職から非正規職へ）や，賃金ほか就業条件の劣化が進むことは，青壮年にとっては，土地利用型法人の就業条件が相対的に向上し，時に農外就業と並ぶ選択肢として位置付く契機となった。

一方で土地利用型法人にとっては，青壮年労働力を吸収する可能性を広げた。

引き続き収益性追求の事業展開に努力するとはいえ，土地利用型法人の賃金水準は，地域内の同年代と比べて決して高いとはいえない。しかしその就業条件比較がもはや，雇用者の焦りにつながらない，つまり今や「近畿型」の「社会強制」が強制たりえなくなっている。高くない就業条件でも充実する青壮年労働力を背景に，土地利用型法人は，収益性の高い集約的作物の生産だけでなく，農地を引き受け土地利用型作物の生産拡大にあたる余裕すらも生まれている。こうした法人を含む地域農業システムは，収益性追求に加えて農地維持の機能をも，発揮しやすくなったといえるだろう。

対照的にD法人のように高齢労働力に依存してきた地域農業システムは，行き詰まりを見せている。農外就業における定年退職者再雇用の広がりによって，高齢者から構成される土地利用型法人を支える，次々と新たな高齢者労働力を確保し入れ替わるという方針が，成り立ちにくくなっている。そのことは法人の農業生産における粗放化・省力化に加え，条件不利性の高い農地の返還に端的に示されるような，地域の農地維持機能の縮小につながっている。高齢者に関する「近畿型の崩れ」は，彼らを主要な労働力として組み立てられてきた地域農業システムの，機能発揮を難しくしている。

以上，本章は，「近畿型」下で形成されてきた，土地利用型法人の〈男子年齢選別的な労働力構成－就業条件整備－法人の事業展開〉の一連の相互連関のあり方が，「近畿型の崩れ」の下で変容していくさまを捉えてきた。土地利用型法人にとって，青壮年労働力の確保が相対的に容易となったことで，農業生産と農地維持双方の担い手として展望することも可能なところまで，今日の雇用劣化は進行していることを確認した。

本章を終えるにあたり，今後より探求が必要と思われる課題を整理しておく。一つには，青壮年を抱える土地利用型法人の構成員間の，就業条件の格差である。田切農産はその内部に正規職と非正規職の差を，あるいは正規職の間でも賃金水準の差（**第10-2図**）を創出させながら，収益性追求と農地維持の併進に向かっていた。確かに，いったん「近畿型」を経験し，かつ

「近畿型」的就業も残存する地域における「崩れ」にあって，土地利用型法人も，その構成員全体の就業条件の切り下げに向かうというより，組織内部の格差を作り出しながら展開するように思われる。そうしたシナリオの妥当性や，その実際の労務管理（労働力編成）が，解明されていく必要があるだろう。

二つには，本章では青壮年の就業条件に関しては「社会強制」の弛緩に焦点を当てたが，高齢者就労についてはむしろ今後顕在化していくのではないか，という予測の検証である。D法人の例が端的に示すように，「近畿型」の下では，高齢者に関しては現在および将来の年金受給が基礎にあり，就労時の就業条件の引き上げをめぐる「社会強制」は想定されていなかった。だからこそ一部の地域農業システムは，「就業条件を度外視」して働く，「社会的労働日の枠外にある」（山崎 2015c：p.245）労働力として，あてにしてきたのである。しかし伍賀（2014）が説くように，現在の青壮年が直面している劣化した労働市場の先に，彼らが高齢者になった際の被用者年金環境があるのだから，その内容や水準に期待することは，できまい。高齢期の生活費は高齢期の就労継続によって補填していく，のであろう。かくして高齢者も，農業内外の就業条件を比較しつつ就労するならば，今度は高齢者就業機会を舞台としながら，就業条件の「社会強制」が生じる――当然土地利用型法人の就業条件にも上昇圧力がかかる――のかもしれない。こう考えると，青壮年期に「近畿型」下の農外就業条件を享受し，高齢期には「就業条件を度外視」して農作業にあたる，しかも農作業経験と農村への貢献意識を有している，そうした条件を備えた年齢層がいたことこそ，希有な状況であったのかもしれない。

終章　総括的考察

これまでの長野県上伊那郡宮田村の農業研究は，N集落の数十戸を対象とした，1975年以降5回（1983年，1993年，2009年，2019年）に及ぶ集落調査を軸に展開してきた。

本書の課題は，過去のこうした調査を総括しながら，特に2019年調査結果の特徴を述べることであった。その際の視点は，①農業構造変動の状況，②農業構造変動と宮田方式の関係性，である。なお，第8章から第10章は近隣の中川村と飯島町からの報告だが，比較対照の意味で本書に挿入している。

本章では，本書の各章が明らかにした内容を要約したうえで，総括的な考察を行う。

第1章「本書の課題と方法」では，この本全体の上述の課題と方法論を農業構造分析における生産力格差論を批判的に検討しながら提示している。そしてそのことを通して，地域労働市場視点の意義を説いている。農業構造変動の規定要因について，従来の研究では，以下の諸要因が注目されてきた。①農家間の農業生産力格差，②農工間交易条件すなわち農産物価格と農家購買品価格の関係性，③農業政策，④農家家計費水準，⑤農外労働市場条件。

そこで，これら5つの要因のうち，どれを軸に議論を進めるべきか，ということが問題となる。その際，農業は農外産業との間で労働力を巡る引き合いを行なっており，これが農業構造変動の主要規定要因であるという観点からすると，⑤を軸とする議論が生み出されてくる。そして本書ではこの立場を採用している。なお，当該章で摘記した宮田村農業の展開過程については，本章では，後に本書全体を総括しているところで述べる。

第2章「地域労働市場の構造転換と農家労働力の展開――長野県宮田村35年間の事例分析」では，1975年，1983年，1992年，2009年の4回にわたって行われた，N集落の数十戸を対象として行われてきた集落調査の結果を使いながら，地域労働市場構造の変遷を描き出している（当該章では2019年は扱っていない)。その結果，（ⅰ）1970年代：「東北型地域労働市場」の状態，（ⅱ）1980年代：「東北型」から「近畿型」への移行期，（ⅲ）1990-2000年代：「近畿型地域労働市場」の状態，を示している。ここで「東北型」とは，青壮年男子農家世帯員の農外賃金構造に，時に「切り売り労賃」層とも表現される低賃金・不安定就業層を検出できる労働市場構造である。それに対して「近畿型」では，この層を検出することができないのである。

第３章「2019年調査に見る宮田村の地域労働市場」では，第２章が扱った時期から後の時期である2010年代の地域労働市場構造の状況を，2019年調査の結果データに基づき描き出しており，その結論として，それが「近畿型の崩れ」であることを示している。「近畿型の崩れ」とは，日本社会全体の「雇用劣化」の中で，男子青壮年層に単純労働賃金層が再現している労働市場構造の状況である。ただし，ここで再現しているのはかつての「切り売り労賃」層ではない。「切り売り労賃」は，労働力再生産費を充足するためには農業所得との合算を不可欠とした賃金であったのに対して，2010年代に再現した単純労働賃金層は，労働者としての自立を社会的に要請されている，したがってもはや農業所得との合算を想定しない賃金の層である。

第４章「2019年調査に見る宮田村の農業構造動態」では，第３章と同様に2010年代の状況を描いている。ここでは，この時期の地域労働市場構造の段階的変容を受けた農業構造の在り方を提示している。その結果，対象農家全体を覆う支配的な傾向として規模縮小して脱農化して行く落層的な分化が深化する中で，そうした暗闇の中での僥倖の如く登場してきている新規就農者や定年帰農者による農地維持の動きが見られ，衰退と発展が絡み合う複雑な様相を描き出している。

第５章「宮田村における稲作機械共同所有・基幹作業受託組織の変遷」では，農家全体の落層化傾向の中で，集落単位の作業受託組織であった集団耕作組合が，水田転作対応を契機に農業経営機能を強化する一方で，それとは別に全村的な農作業受託組織が展開してきている状況を描き出している。第

４章が示した，言うならば個別農家の次元における一方の発展傾向に対して，この章では，組織経営体の次元における発展傾向を描き出しているのである。

第６章「雇用劣化進行下における農地維持の担い手の展開論理」では，農村青壮年層による親睦団体の性格が強かった壮年連盟・担い手会が，近年，会員の農業就業機会を増やす組織として機能してきていることを示している。つまり，この章では，前章に続いて組織経営体のもう一つの新たな動きを捉えているのである。

第７章「地域労働市場変遷下における農家経営の展開過程」では，第４章が示した農村青年による農業就業への傾斜の背景に，先代，あるいは２代前の世代の農業への取り組み姿勢が重要な意味を持っていることを示している。つまり，かつて篤農家であった父または祖父を持つ青壮年は，2010年代の雇用劣化の下で，比較的スムーズに農外就業の状態から転じて帰農しやすいのである。

第８章「雇用劣化地域における農業構造と雇用型法人経営――長野県中川村を事例として」では，宮田村と同じ上伊那郡にある中川村において2018年に行われた集落調査の結果を紹介しており，そこから，地域労働市場構造における「雇用劣化」の下での「近畿型の崩れ」，またそこで進行している農家の全般的落層傾向，他方では賃労働者を雇用した，かつ農民経営に出自する資本制的な農業経営の展開を論じている。

第９章「中山間地域における組織経営体の存立形態――長野県飯島町の農業法人を事例として」は，やはり宮田村と同じ上伊那郡にある飯島町の，典型的な衛星法人であったD法人が，農外企業における近年の定年年齢の延長の中で労働力確保の困難化に直面しており，そうした下で地域の中で引き続き増加してくる農地の貸付希望に対処するにあたっての苦闘を描いている。そこでは，①粗放的な作物の作付け，②同じ作物でも栽培方法を粗放化する事，が当面の解決策になっているが，それでも対処しきれない農地の遊休化が生じている。

第10章「『近畿型の崩れ』下における土地利用型法人の経営展開――長野

県飯島町田切農産を例に」では，飯島町にある田切農産を対象にしながら，雇用劣化の下で労賃意識が変動し，実際にも当該農業経営体で支払われている労賃の在り方が変動して（内部での懸隔），その事が法人の事業展開の態様に影響を及ぼしている点を考察している。低位就業条件の青壮年労働力の存在を背景に，高収益作物生産だけでなく，劣等地的条件の農地を引き受ける可能性が生じているのである。

ところで，本書を準備する過程では，長野県上伊那郡にある２つの村（宮田村と中川村）で2010年代に集落調査を実施した。これら２つの村の近年の状況は，共通する面もあるが異なる面もある。共通する面は，ここまで強調してきた地域労働市場構造の動向であり，それは青壮年男子の賃金構造の中に単純労働賃金層が再現して「近畿型の崩れ」が現出していることである。また，農家の落層化傾向が支配的である中で，他方では新規就農と定年帰農の動きも見られ，したがって個々の農家の動きにまで立ち入ってみると，農業衰退と発展の両面的な動きを捉えることができる点も両村に共通している。しかし，組織経営体の動きは異なる。宮田村では集落レベルの組織である集団耕作組合が作業受託組織から脱皮して農業経営体としての機能を強化する傾向が見られる一方で，全村的な農事組合法人が大型機械作業受託に取り組み始めている。後者の動きは当面コンバイン作業のみで見られる事だが，今後，他の作業にも波及・拡大して行くことが展望されている。他方で，第６章が扱っている壮年連盟・担い手会も独自の動きを示しながら地域農業の維持に貢献している。すなわち，耕作放棄地での耕作を行う一方で畦畔草刈りを受託し，また青壮年に対して休日の就業機会を提供しながら彼らが農業を勉強する場ともなっている。だが，宮田村で何よりも特徴的である事は，こういった諸組織がお互いに補完し合いながら地域農業を守ろうとしてはいるものの，そこには農業を収益事業として位置づける土地利用型の法人は，今のところは成立していない，という点である。それに対して中川村では，土地利用型農業を収益事業として位置づけながら展開している法人組織が存在している。

こうした両村間で見られる組織経営体の動向の相違の背景には，地域農業組織化に取り組むに当たっての，その方法論の違いが反映しているように見える。すなわち，宮田村では，個別農家というよりは組織を大切にする地域農業発展に向けた取り組みが1970年代から連綿と実施されてきたが，これが世に宮田方式とも呼ばれる，土地利用計画，集団耕作組合，地代制度に結晶する仕組みを編み出してきた。その中では，①戦後自作農に代替する新たな農業生産力の担い手としてのキノコ法人の設立と，そこでの他産業に匹敵する労働条件の実現が1990年代から取り組まれ，②そして近年には全村的法人組織と集落単位の営農組合の役割分担体系の構築が模索されている。それに対して中川村では，宮田村におけるほど強力な地域農業組織化の取り組みは過去には行われてはこなかった。そしてその事が，むしろ個別経営体の展開に肯定的に作用して，農業を収益事業として位置づける資本制的な法人経営が展開する可能性を開いてきた面があることを否定できない。

なお飯島町における地域農業組織化の動きは，上に見た２つの村の中間的なものである。すなわち，土地利用計画と地代制度が無かった点は中川村と共通しているが，組織経営体の展開が行政的に強力に推し進められた点は宮田村と共通している。そうした下で，近年は，収益を追求する中核法人と，地域農業防衛の衛星法人とへの，農業生産法人の機能分化が見られてきたのである。

だが，本書が対象とした諸地域には，本章でここまで見てきたような相違点はあるものの，そこには共通の経済論理が貫徹しているように見える。そして，本書では，その論理を析出するに当たり，地域農業の展開過程における地域労働市場の動向からの影響を重視しているのである。上伊那地方では地域労働市場構造の発展段階をナマのデータを使って描くことができるのであるから，同地方は，こういう視座からする研究を数十年間にわたって追跡することができる，日本でほぼ唯一の調査対象地である。

すなわち，宮田村における地域労働市場は，第２章と第３章の紹介でも述べたように，ここまで次のような発展段階を経て展開して来たように見える。

①1970年代＝「東北型地域労働市場」段階

②1980年代＝「東北型地域労働市場」段階から「近畿型地域労働市場」段階への移行期

③1990-2000年代＝「近畿型地域労働市場」段階

④2010年代＝「近畿型の崩れ」段階

そして，地域労働市場の発展段階と対応して次のような農業構造が現出していた。

イ）「東北型地域労働市場」の下では，兼業滞留構造を一般的な前提とした一部上層農の成長であり，したがってそこでは高額借地料が現出していた。

ロ）「近畿型地域労働市場」の下で支配的な傾向は農家の全層落層傾向であったが，その一方で，そこで現出する低額借地料を背景として登場してくる農業生産力の担い手として，農業生産法人が嘱望されていた。

ハ）だが現下の「近畿型の崩れ」段階では，農家全体の支配的傾向として規模縮小して脱農して行く落層的な分化がさらに深化する中で，他方では新規就農や定年帰農による農地維持の動きが交錯して見られ，総じて地域の中にある種の流動的な情況が生じている。そうしてこうした流動状況を組織化するような形で，全村的作業受託組織，集団耕作組合，担い手会，収益性を追求する農業生産法人が，地域農業を維持するための仕組みとして族生してきているのである。だが，こうした流動状況は，2010年代が一つの，つまり1980年代のような過渡期であることをも示唆していると言えよう。

農外の「雇用劣化」は労働の複雑労働と単純労働とへの分化であり，後者の量的増加である。もっとも労働のこうした分化はマルクス（1867）が描いているように機械制大工業の導入とともに既に始まっていた。さらに，20世紀になってテーラーシステムが導入されるとともに単純労働の増加トレンドが基調となった（ブレイヴァマン 1974）。社会的職業訓練が普及しているヨーロッパでは複雑労働と単純労働の区別は有資格か否かの形で明確であったが（野村 1993），そうした制度が普及していない日本では単純労働を女性，農家出身者，及び高齢者が担う一方で，青壮年男子労働者は複雑労働従事者に展開してゆくチャンスが与えられ続けていた。しかし，近年になって労働の単純化はさらに一層進み，その一方でかつては単純労働力の供給源として位置づけられていた農家労働力は既に枯渇してしまった。こうした下で，近年は，青壮年男子労働者までその一部が単純労働力供給源になってきている。これが近年の「雇用劣化」の内実であり，「近畿型の崩れ」の背景である。そうした下で進行している農業構造変動の実態を，本書の記述が描き出した論理は，写し取ろうとしたのである。

引用文献

青野壽彦（1982）「上伊那・農村地域における下請工業の構造」中央大学経済研究所編『兼業農家の労働と生活・社会保障：伊那地域の農業と電子機器工業実態分析』中央大学出版部，pp.159-209。
新井祥穂，山崎亮一（2015）「飯島町の土地利用型法人」星勉・山崎亮一編『伊那谷の地域農業システム：宮田方式と飯島方式』筑波書房，pp.181-204。
板東杏奈（2015）「農業構造が集落営農組織に及ぼす影響についての研究：長野県宮田村を対象に」東京農工大学農学府修士学位論文。
ブレイヴァマン H.（富沢賢治訳）（1974：原典初版）『労働と独占資本』岩波書店。
江口英一（1985）「新規学卒労働力と地域労働市場：その“二階建”労働市場構造の形成と賃金」中央大学経済研究所編『ME技術革新下の下請工業と農村変貌』中央大学出版部，pp.101-165。
遠藤公嗣，河添誠，木下武男，後藤道夫，小谷野毅，今野晴貴，本田由紀（2009）『労働，社会保障政策の転換を：反貧困への提言』岩波書店。
伍賀一道（2014）『『非正規大国』日本の雇用と労働』新日本出版社。
濱口桂一郎（2013）『若者と労働：『入社』の仕組みから解きほぐす』中央公論新社。
橋口卓也（2008）『条件不利地域の農業と政策』農林統計協会
氷見理（2017）「『近畿型地域労働市場』下におけるボランティア的組織による農地維持：長野県宮田村『壮年連盟』を事例として」『環境思想・教育研究』10，pp.129-135。
氷見理（2018）「不安定就業の増大と農業構造変動：茨城県稲敷市の事例より」『農業問題研究』50（1），pp.3-15。
氷見理（2020a）「雇用劣化地域における農業構造と雇用型法人経営：長野県中川村を対象として」『農業経済研究』92（1），pp.1-15。
氷見理（2020b）「地域労働市場の地域性と長期的変遷」『農業問題研究』51（2），pp.1-11。
星勉（2015）「飯島町における地域農場制の試み」星勉・山崎亮一編著「伊那谷の地域農業システム：宮田方式と飯島方式」筑波書房，pp.164-180。
星勉・山崎亮一編著（2015）『伊那谷の地域農業システム：宮田方式と飯島方式』筑波書房。
市川康夫（2011）「中山間地域における広域的地域営農の存立形態：長野県飯島町を事例に」『地理学評論』84（4），pp.324-344。
池田正孝（1982）「電子部品工業の生産自動化と農村工業再編成」中央大学経済研

究所編『兼業農家の労働と生活・社会保障：伊那地域の農業と電子機器工業実態分析』中央大学出版部，pp.241-286。
今井健（1984）「産業構成と就業構造の変化」『長野県宮田村における地域農業再編と集団的土地利用（第２報）』農業研究センター農業計画部・経営管理部，pp.1-29。
今井健（1994）『就業構造の変化と農業の担い手：高度経済成長期以降の農村の就業構造と農業経営の変化』農林統計協会。
磯辺俊彦（1985）『日本農業の土地問題：土地経済学の構成』東京大学出版会。
JA伊南・JA長野開発機構（1995）『宮田村農業の現状と課題：宮田地区における土地利用型大型複合法人の育成手法に関する開発研究：調査報告書』資料No.238。
梶井功（1973）『小企業農の存立条件』東京大学出版会。
関東農政局（1976）『昭和50年度農業構造改善基礎調査報告』。
片倉和人，山下仁，工藤清光（2007）「農業経営における障害者雇用のマネジメント」『農林業問題研究』166，pp.78-83。
木下武男（1997）「日本的労使関係の現段階と年功賃金」『講座現代日本３　日本社会の再編成と矛盾』大月書店，pp.125-219。
今野晴貴，本田由紀（2009）「働く若者たちの現実：違法状態への諦念，使い捨てからの偽りの出口，実質なきやりがい」遠藤公嗣ほか編著『労働，社会保障政策の転換を：反貧困への提言』岩波書店，pp.2-21。
河野敏鑑，齊藤有希子（2016）「企業内，企業間の賃金格差の時系列変化」『日本労働研究雑誌』2016年５月号，pp.43-59。
栗原源太（1982）「農村工業と兼業農家」中央大学経済研究所編『兼業農家の労働と生活・社会保障：伊那地域の農業と電子機器工業実態分析』中央大学出版部，pp.211-239。
曲木若葉（2012）「一酪農家の展開から見た宮田方式の問題点」『日本農業経済学会論文集』pp.85-92。
曲木若葉（2013）「高齢者帰農の展開過程：長野県宮田村を事例として」『共生社会システム研究』７(1)，pp.94-114。
曲木若葉（2015）「宮田方式の展開とその今日的問題点：二極化する複合部門の担い手に着目して」星勉・山崎亮一編著『伊那谷の地域農業システム：宮田方式と飯島方式』筑波書房，pp.25-50。
曲木若葉（2016）「地域労働市場の構造転換と農家労働力の展開：長野県宮田村35年間の事例分析」『農業経済研究』88(1)，pp.1-15。
曲木若葉（2019）「地域労働市場の今日的地域性と農業：秋田県雄物川町と長野県宮田村の比較分析」『農林水産政策研究』30，pp.1-22。
マルクス K.（資本論翻訳委員会訳）（1867：原典初版）『資本論：第１巻』新日本

出版社。
マルクス K.（資本論翻訳委員会訳）（1894：原典初版）『資本論：第３巻』新日本出版社。
美崎皓（1979）『現代労働市場論：労働市場の階層構造と農民分解』農山漁村文化協会。
宮田村誌編纂委員会（1982-1983）『宮田村誌』宮田村誌刊行会。
森岡孝二（2019）『雇用身分社会の出現と労働時間：過労死を生む現代日本の病巣』桜井書店。
中安定子（1978）『農業の生産組織』光の家協会。
倪鏡（2019）『地域農業を担う新規参入者』筑波書房。
日本生産性本部（2016）『「第15回　日本的雇用・人事の変容に関する調査」結果概要』公益財団法人日本生産性本部。
野村正實（1993）『熟練と分業：日本企業とテイラー主義』御茶の水書房。
野中章久（2002）「平野部兼業深化地域における兼業滞留構造の後退：農協出資農業生産法人が展開する地域を事例として」『農業経済研究』73(4)，pp.161-169。
野中章久（2009）「東北地域における低水準の男子常勤賃金の成立条件」『農業経済研究』81(1)，pp.1-13。
農業研究センター農業計画部・経営管理部（1984）『長野県宮田村における地域農業再編と集団的土地利用（第２報)』。
小田切徳美（2006）「中山間地域の実態と政策の展開：課題の設定」小田切徳美，安藤光義，橋口卓也『中山間地域の共生農業システム：崩壊と再生のフロンティア』農林統計協会，pp.1-15。
岡本哲史・小池洋一編著（2019）『経済学のパラレルワールド：異端派総合アプローチ』新評論。
労働政策研究・研修機構（2010）『労務資料　高年齢者の雇用・就業の実態に関する調査』JILPT　調査シリーズNo75，独立行政法人労働政策研究・研修機構。
労働政策研究・研修機構（2020）『高年齢者の雇用に関する調査（企業調査)』https://www.jil.go.jp/institute/research/2020/documents/0198.pdf（2021年３月20日閲覧）
笹倉修司（1984a）「個別経営の類型とその実態」『長野県宮田村における地域農業再編と集団的土利用（第２報)』農業研究センター農業計画部・経営管理部，pp.97-121。
笹倉修司（1984b）「集団耕作組合と稲作の担い手」『長野県宮田村における地域農業再編と集団的土地利用（第２報)』農業研究センター農村計画部・経営管理部，pp.181-193。
澁谷仁詩（2020）「2019年宮田村における地域労働市場と農業構造動態」『2020年度秋季農業問題研究学会口頭報告資料』。

鈴木晴敬，新井祥穂（2022）「『近畿型中山間』における土地利用型法人の展開方向：長野県飯島町田切農産を事例として」『農業経営研究』59(4)，pp.81-86。
高畑裕樹（2019）『農業における派遣労働力利用の成立条件：派遣労働力は農業を救うのか』筑波書房。
田代洋一（1975）「地域労働市場の展開と農家労働力の就業構造」田代洋一，宇野忠義，宇佐美繁『農民層分解の構造：戦後現段階』農業総合研究所，pp.15-98。
田代洋一（1976）「長野県宮田村中越部落」『昭和50年度農業構造改善基礎調査報告』関東農政局，pp.49-91。
田代洋一（1981）「総括と提言」『農村地域工業導入実施計画市町村における農用地の利用集積等に関する調査報告書』農村地域工業導入促進センター，pp.7-20。
田代洋一（1984）「日本の兼業農家問題」松浦利明・是永東彦編『先進国農業の兼業問題』富民協会，pp.165-250。
田代洋一（1985）「高蓄積＝格差構造下の農業問題」梶井功編『昭和後期農業問題論集４　農民層分解論Ⅱ』農山漁村文化協会，pp.297-321。
徳田博美（1984）「わい化リンゴ団地とその担い手農家」『長野県宮田村における地域農業再編と集団的土利用（第２報）』農業研究センター農業計画部・経営管理部，pp.79-96。
友田滋夫（1996）「直系家族制農業は日本の賃金構造を規定しているか？：吉田義明著『日本型低賃金の基礎構造　直系家族制農業と農家女性労働力』を読んで」『農業問題研究』42，pp.61-70。
友田滋夫（2001）「失業率増大下の就業移動」『農業問題研究』48，pp.13-22。
友田滋夫（2002）「農家労働力の技能形成は可能か」矢口芳生編著『農業経済の分析視角を問う』農林統計協会，pp.104-145。
友田滋夫（2006）「農村労働力基盤の枯渇と就業形態の多様化」安藤光義，友田滋夫『経済構造転換期の共生農業システム』農林統計協会，pp.19-108。
友田滋夫（2008）「1980年代における低賃金労働力の展開と外国人労働力」農業問題研究学会編『労働市場と農業：地域労働市場構造の変動の実相』筑波書房，pp.25-45。
山本昌弘（2003）「都市近郊水田地帯における離農構造：利根川下流域・茨城県龍ケ崎市を事例として」『村落社会研究』９(2)，pp.36-48。
山本昌弘（2004）「1990年代の離農構造：群馬県玉村町を事例として」『農業問題研究』55，pp.32-41。
山崎亮一（1996）『労働市場の地域特性と農業構造』農林統計協会。（山崎亮一（2020）『山崎亮一著作集第１巻　労働市場の地域特性と農業構造［増補］』筑波書房，第１部）。
山崎亮一（2004）「ドイモイ期メコンデルタの農地規模別農家構成の変動：Can Tho省，Long An省を対象とした事例分析」『農業経済研究』75(4)，pp.155-165。

山崎亮一（2010）「戦後日本経済の蓄積構造と農業：労働市場の視点から」山崎亮一編『現代『農業構造問題』の経済学的考察』農林統計協会，pp.18-60。
山崎亮一（2013）「失業と農業構造：長野県宮田村の事例から」『農業経済研究』84（4），pp.203-218。
山崎亮一（2015a）「宮田村における地域労働市場」星勉・山崎亮一編著『伊那谷の地域農業システム：宮田方式と飯島方式』筑波書房，pp.63-111。
山崎亮一（2015b）「宮田村N集落の農業構造動態」星勉・山崎亮一編著『伊那谷の地域農業システム：宮田方式と飯島方式』筑波書房，pp.113-139。
山崎亮一（2015c）「『近畿型地域労働市場』における農業生産の担い手像」星勉・山崎亮一編著『伊那谷の地域農業システム：宮田方式と飯島方式』筑波書房，pp.239-248。
山崎亮一（2018a）「資本制社会の『純粋化』傾向と農業：1960年代以降の日本を対象とした例証」『農業経済研究』90（2），pp.91-107。
山崎亮一（2018b）「日本農業の構造変動について」『歴史と経済』238：44-50。
山崎亮一（2021）『山崎亮一著作集第２巻　地域労働市場－農業構造論の展開』筑波書房。
山崎亮一，新井祥穂，曲木若葉（2018）「『近畿型中山間』における地域労働市場と農業構造：長野県上伊那地方における組織経営体の２類型と経営体内所得格差」『歴史と経済』240，pp.19-33。
山崎亮一，氷見理（2019）「地域労働市場構造の収斂化傾向について」『農業問題研究』84，pp.12-23。
山崎亮一，佐藤快（2015）「宮田村N集落の農業組織」星勉・山崎亮一編著『伊那谷の地域農業システム：宮田方式と飯島方式』筑波書房，pp.141-162。
吉田義明（1995）『日本型低賃金の基礎構造：直系家族制農業と農家女性労働力』日本経済評論社。

・本書は，日本学術振興会科学研究費助成事業の基盤研究（C）21K05809，及び基盤研究（B）21H00634の研究成果の一部である。

後書き

時の流れは早いもので，筆者が1993年に初めて長野県宮田村を調査のために訪ねてから，既に30年の歳月が流れた。この間，伊那谷の農業を素材とした論文や書籍をいくつか公表して来たし，学会で特別セッションを組んだこともあった。筆者の国内研究の成果はこの地に多くを負っているのである。また，東京農工大学の教員になってからは幸い若い後継者達を指導することもできたが，彼らあるいは彼女らもこの地を対象とした研究の中から育まれていった。筆者はベトナムや西アフリカでも集落調査を行なったが，その方法の原型は伊那谷を含む日本での調査を通じて作り上げられていったものである。このように筆者は短くない学究生活の中で多くの事をこの地で学び，また研究者としてのスキルを磨かせていただいた。筆者と後学を育ててくれた伊那谷の方々に対しては，もとより感謝の言葉しかない。

1993年に筆者をこの地へと導いてくれたのは当時の直属の研究室長であった今井健氏であった。また，1993年以前のN集落を対象とした集落調査と関わるダンボール箱８個分の資料を2010年頃まで保管していたのは平野信之氏であったが，「学生さん達に論文を書かせてあげてよ」と，今となっては懐かしいべらんめえ調で言いながら快く譲っていただいた。ご逝去される２年前のことであったと思う。

本書はこうした筆者の伊那谷農業研究の集大成となる集団的作品と位置づけてはいるものの，これらの方々に対して筆者が負っていると自覚している心の債務を返すことができているかははなはだ心もとない。ただこの地の農業が研究の後進達とともに一歩でも前に進むための資料となることができれば，と念じるばかりである。

2024年１月11日

山崎　亮一

初出情報

第1章

山崎亮一「代表者解題」日本農業経済学会2021年度大会特別セッション「宮田村の50年：農業構造と地域農業システムの展開を地域労働市場から紐解く」報告要旨，20，2021年3月27日

第2章

曲木若葉「地域労働市場の構造転換と農家労働力の展開：長野県宮田村35年間の事例分析」『農業経済研究』88(1)，1-15，2016年

第3章

澁谷仁詩「雇用劣化下における「近畿型地域労働市場」の賃金構造：長野県宮田村の2009年～2019年を対象として」『農業経済研究』93(4)，373-376，2022年

第4章

澁谷仁詩「『近畿型地域労働市場』地域における雇用劣化傾向と農業構造変動」，2020年農業問題研究学会秋季大会個別報告要旨，2020年11月29日

第5章

高橋絢子「地域労働市場と稲作作業受託組織の変遷：長野県宮田村N集落を事例として」，2020年農業問題研究学会秋季大会個別報告要旨，2020年11月29日

第6章

氷見理「雇用劣化進行下における農地維持の担い手：長野県宮田村を事例として」『農業問題研究』53(1)，1-11，2021年

第７章

三浦啓介「地域労働市場構造変遷下における農家経営の展開過程：長野県宮田村を事例に」『農業問題研究』54(1)，32-44，2022年

第８章

氷見理「雇用劣化地域における農業構造と雇用型法人経営：長野県中川村を対象として」『農業経済研究』92(1)，1-15，2020年

第９章

久恒裕介「中山間地域における農業法人の展開方向の分析：長野県飯島町の農業法人を事例として」2018年農業問題研究学会秋季大会個別報告要旨，2018年11月17日

第10章

新井祥穂「『近畿型中山間』地域の土地利用型法人の経営展開：『近畿型』から雇用劣化へ」日本農業経済学会2021年度大会特例セッション「宮田村の50年：農業構造と地域農業システムの展開を地域労働市場から紐解く」報告要旨，2021年３月27日

鈴木晴敬・新井祥穂「『近畿型中山間』における土地利用型法人の展開方向：長野県飯島町田切農産を事例として」『農業経営研究』59(4)，81-86，2022年

執筆者紹介

山崎　亮一（やまざき　りょういち）
［略歴］
東京農工大学農学研究院　名誉教授。1957年北海道札幌市生まれ
北海道大学大学院修士課程修了。農林水産省試験研究機関，酪農学園大学でも勤務。
博士（農学）
［主な業績］
『山崎亮一著作集全５巻』筑波書房，2020-2022年
『農業経済学講義』日本経済評論社，2014年，2016年（OD版）
YouTube「農業経済と養蜂のチャンネル」

新井　祥穂（あらい　さちほ）
［略歴］
東京農工大学大学院農学研究院　教授。1973年　福岡県北九州市生まれ
東京大学大学院総合文化研究科博士課程修了。博士（学術）
［主な業績］
『復帰後の沖縄農業』（共著）農林統計協会，2013年
「沖縄県宮古島における農家就業構造と農業構造の動態」（共著）『農業経済研究』89(1)，1-18，2017年

氷見　理（ひみ　まこと）
［略歴］
新潟大学自然科学系　助教。1986年　群馬県高崎市生まれ
東京農工大学大学院連合農学研究科博士課程修了。博士（農学）
［主な業績］
「雇用劣化地域における農業構造と雇用型法人経営：長野県中川村を対象として」『農業経済研究』92(1)，1-15，2020年
「地域労働市場構造の地域性と長期的変遷」『農業問題研究』52(2)，1-11，2020年
The Farm-type TMR Center as a Regional Farming System in Hokkaido，Japan Agricultural Research Quarterly 55（1），1-4，2021年

曲木　若葉（まがき　わかば）
［略歴］
農林水産政策研究所　研究員。1988年　東京都小平市生まれ
東京農工大学大学院連合農学研究科博士課程修了。博士（農学）
［主な業績］
「地域労働市場の構造転換と農家労働力の展開：長野県宮田村35年間の事例分析」『農業経済研究』88(1)，1-15，2016年

「東北水田地帯における高地代の存立構造：秋田県旧雄物川町を事例に」『農業問題研究』47(2)，1-12，2016年
「農業構造の地域性と新たな土地利用の展開」『農業問題研究』49(2)，17-26，2018年
「農山村地域における臨時農業労働力確保の取組と課題」『農業経済研究』90(4)，345-350，2019年

澁谷　仁詩（しぶや　ひとし）
［略歴］
農業・食品産業技術総合研究機構　研究員。1994年　神奈川県川崎市生まれ
東京農工大学大学院連合農学研究科博士課程修了。博士（農学）
［主な業績］
「茨城県稲敷市における大規模農家の展開過程：地域農業構造と地域労働市場の視角から」『農業問題研究』52(2)，2020年
「雇用劣化下における「近畿型地域労働市場」の賃金構造：長野県宮田村の2009年―2019年を対象として」『農業経済研究』93(4)，373-376，2022年

高橋　絢子（たかはし　あやこ）
［略歴］
公務員。1996年　青森県八戸市生まれ
東京農工大学大学院農学府農学専攻，修士課程修了。修士（農学）

三浦　啓介（みうら　けいすけ）
［略歴］
東京農工大学大学院連合農学研究科博士課程。1997年　東京都葛飾区生まれ

久恒　裕介（ひさつね　ゆうすけ）
［略歴］
公務員。1996年　神奈川県横浜市生まれ
東京農工大学大学院農学府共生持続社会学専攻修士課程修了。修士（農学）

鈴木　晴敬（すずき　はるたか）
［略歴］
会社員。1996年　東京都世田谷区生まれ
東京農工大学大学院農学府農学専攻修士課程修了。修士（農学）

索引

ア行

カ行

サ行

タ行

ナ行

ハ行

マ行

ラ行

伊那谷研究の半世紀

労働市場から紐解く農業構造

2024年2月28日　第１版第１刷発行

編　者　山崎　亮一・新井　祥穂・氷見　理
発行者　鶴見　治彦
発行所　筑波書房
東京都新宿区神楽坂２－16－５
〒162－0825
電話03（3267）8599
郵便振替00150－3－39715
http：//www.tsukuba-shobo.co.jp

定価はカバーに示してあります

印刷／製本　平河工業社

ISBN978-4-8119-0671-3 C3061